U0051918

方正有型 & 圓潤甜美 經典幾何手織麻編包

A-a
A-b
B-a
B-b
B-c
C
D-a
D-b
E
F
G-a
G-b
H
I-a
I-b
J
K-a
K-b
L-a
L-b
L-c
M
N-a
N-b
O-a
O-b
P-a
P-b
P-c
Q
R-a
R-b
S
T-a
T-b
T-c
U-a
U-b
V
W
X
Y
Z

使用色彩豐富、顏色齊全的麻繩進行編織，
製作而成的圓形提袋＆四角提袋。
簡單的短針就能鉤織馬歐爾包、托特包、
人氣手拿包或肩背包等，款式與設計皆多樣富變化。
不妨參考P.4的線材色調，挑選最喜愛的顏色動手製作吧！

圓形提袋

四角提袋

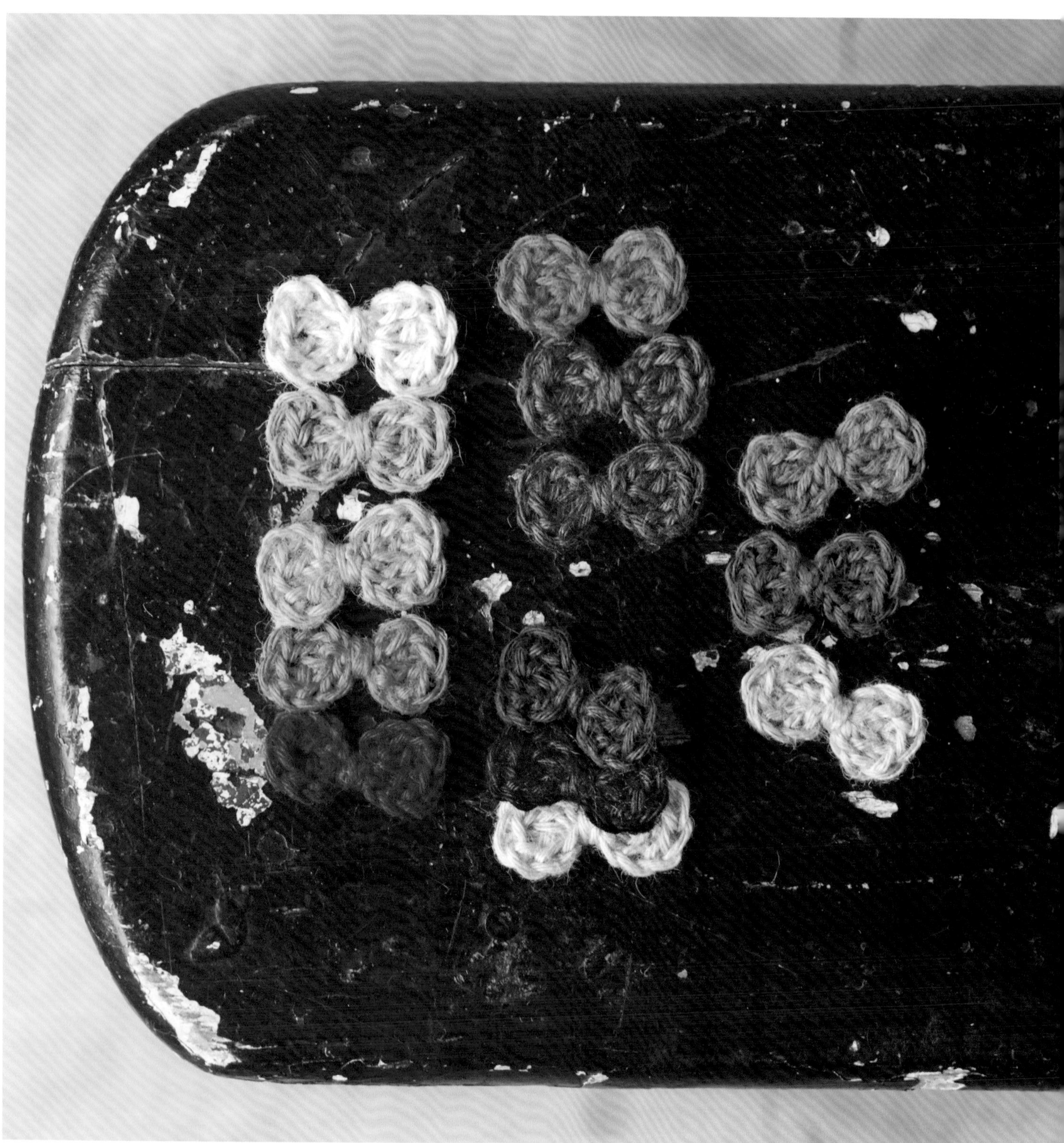

Comacoma

關於 Comacoma

本書使用線材皆為Hamanaka Comacoma，為Jute（黃麻）100％的手藝用麻線。
1球40g約34m長。加上新色，全部共有14色，顏色數量相當豐富。
沒有黃麻特有的氣味，為質地柔軟容易編織的線材。

（照片左上起）

白色（1）
杏色（2）
黃色（3）
藍色（5）
紅色（7）

橘色（8）
苔蘚綠（9）
棕色（10）
海軍藍（11）
黑色（12）
灰色（13）

可可亞棕（15）
鈷藍色（16）
粉紅色（17）

本書作品皆使用Hamanaka手藝用織線、Hamanaka Ami Ami樂樂雙頭鉤針製作。
關於線材、材料的相關資訊，請洽下記官網。

Hamanaka株式会社
〒616-8585　京都市右京区花園薮ノ下町2番地の3
☎ 075-463-5151（代表號）
http://www.hamanaka.co.jp

圓形提袋

圓潤的輪廓外型，散發著優雅的氛圍。
本單元將詳細介紹從推薦初學者嘗試的簡單短針托特包，
到清爽的花樣編馬歐爾包等各式包款。

圓形托特包

僅以鎖針與短針就能輕鬆鉤織完成的簡單提袋。
接縫於外側的提把為整體視覺重點。

設計：青木恵理子
線材：Hamanaka Comacoma
織法 →P.44

A - a

A-b

B - a

B - b

雙色提袋

小巧的花樣是交錯鉤織短針與中長針而成。
不妨組合自己喜愛的兩種色彩來編織吧！

設計：金子祥子
線材：Hamanaka Comacoma
織法 →P.46

B-c

C

松編花樣馬歇爾包

活用花樣，在袋口展開美麗扇形波浪的馬歇爾包。
使用皮革袋底，鉤織成紮實耐用的款式。

設計：青木恵理子
設計：Hamanaka Comacoma
織法 → P.48

D - a

D

園藝提袋

外側設有大型口袋的園藝提袋。
可以迅速取出手機等物品，非常便利好用。

設計：すぎやまとも
設計：Hamanaka Comacoma
織法 → P.50

D - b

NORMAN

E

結合皮革袋底的馬歇爾包

杏色與黑色交織成雅緻的色調，形成獨特魅力的提袋。
藉由表引針勾勒出流動般的花樣。

設計：稲葉ゆみ
設計：Hamanaka Comacoma
織法 →P.52

F

口金斜背包

大人氣的口金包款，
則是在條紋花樣增添一道巧思。
只是在鉤織短針時改挑 3 段下的針目，
就形成了引上針般的奇特花樣。

設計：橋本真由子
設計：Hamanaka Comacoma
織法 →P.54

G - a

橢圓肩背包

袋身之後直接鉤織背帶部分。
只要先織好兩織片，
再以短針拼接即可完成作品。

設計：Ronique（ロニーク）
設計：Hamanaka Comacoma
織法 → P.56

G - b

H

抽繩水桶包

抽繩收口不易看見內容物的束口袋款式，使用便利的手提袋。
繩端接縫了以白色麻線鉤織而成的織球。

設計：今村曜子
設計：Hamanaka Comacoma
織法 →P.58

I - a　　　　I - b

I

小巧圓提袋

長長針的筋編花樣屬於展現長度的針目，因此鉤織少少段數即可完成。
推薦給想要短時間獲得成品的一款設計。

設計：稲葉ゆみ
設計：Hamanaka Comacoma
織法 → P.60

J

涼夏蝴蝶結提袋

單純以短針鉤織的提袋，
飾以 Eco Andaria 織成的蝴蝶結與提帶，成為視覺上的焦點。

設計：Ami
設計：Hamanaka Comacoma
Hamanaka Eco Andaria
織法 → P.62

雙線混織提袋

使用麻繩與漸層色的 Curl Yarn 雙線混織，
編織成微妙色彩變化的細膩織片。

設計：城戸珠美
設計：Hamanaka Comacoma
Hamanaka Pict Curl
織法 → P.64

K - a

K - b

L

螺旋花樣網袋

可以摺疊成小小一球，
放一個在袋子裡就能隨身使用很方便。
流動般的螺旋花樣，
是在網狀編上組合了長針花樣。

設計：深瀨智美
設計：Hamanaka Comacoma
織法 → P.66

L - a

L - b

L-c

四角 提袋

四角提袋的設計包羅萬象。
從人氣單品的手拿包、隨身扁包、花樣織片拼接、具側幅的托特包等，
請挑選自己喜愛的款式來編織。

長方托特包

橫於中央的單一粗紋，成就一款清晰鮮明的設計。
以往復編鉤織方形袋底，再接續進行輪編即可。

設計：青木恵理子
設計：Hamanaka Comacoma
織法 →P.68

N-a
N-b

N

麻＆異素材的方形手提袋

結合具有抗菌＆防臭效果的壓克力毛線，鉤織成輕巧的提袋。
提把是由袋身接續，以輪編鉤織而成。

設計：河合真弓
製作：関谷幸子
設計：Hamanaka Comacoma
Hamanaka Bonny
織法 →P.70

O - a

O - b

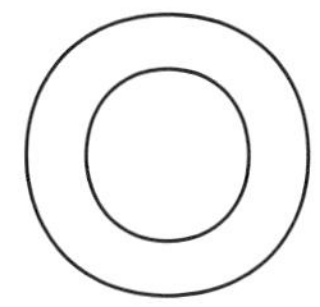

結合皮革袋底的條紋托特包

將縱向鉤織完成的細長袋身與袋底進行捲針併縫。
使用了方形皮革袋底，亦可防止袋身變形。

設計：すぎやまとも
設計：Hamanaka Comacoma
織法 →P.72

引上編花樣雙色提袋

表引長針雖然看似困難，其實織法與長針相同，僅挑針位置不同而已。
透過輪流鉤織的雙色織線，形成了更加立體的花樣。

設計：野口智子
設計：Hamanaka Comacoma
織法 → P.74

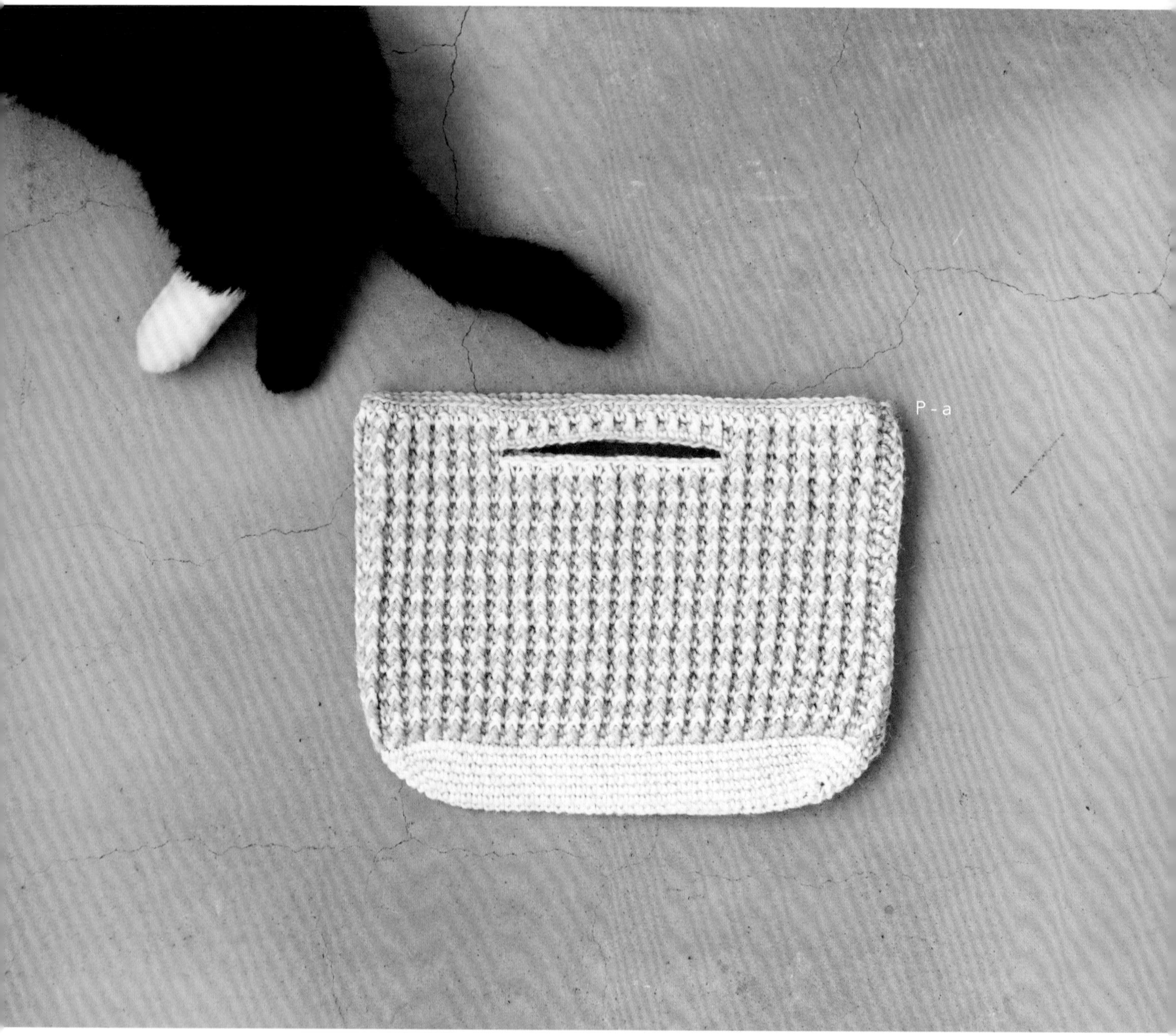

P - a

P-b
P-c

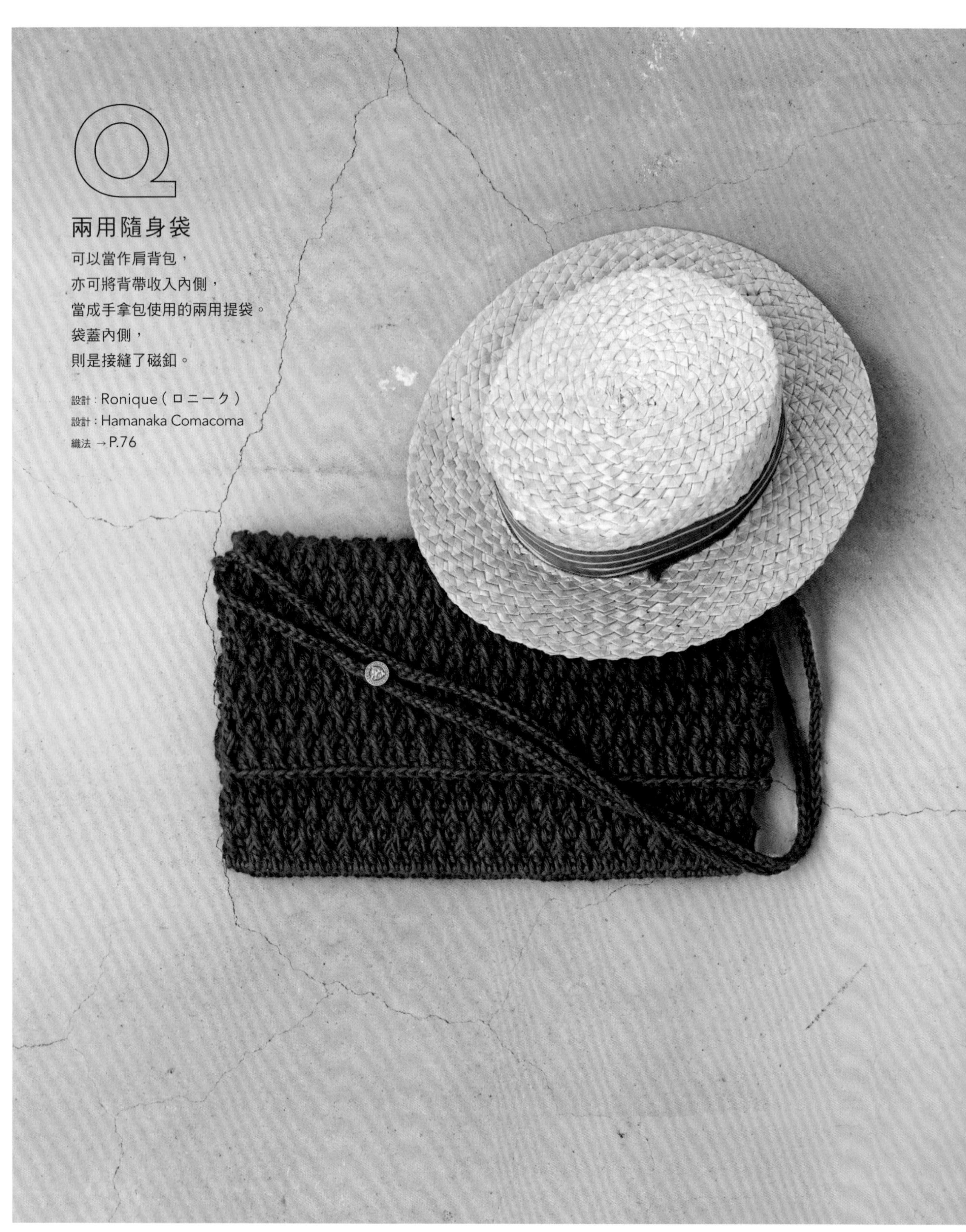

Q

兩用隨身袋

可以當作肩背包，
亦可將背帶收入內側，
當成手拿包使用的兩用提袋。
袋蓋內側，
則是接縫了磁釦。

設計：Ronique（ロニーク）
設計：Hamanaka Comacoma
織法→P.76

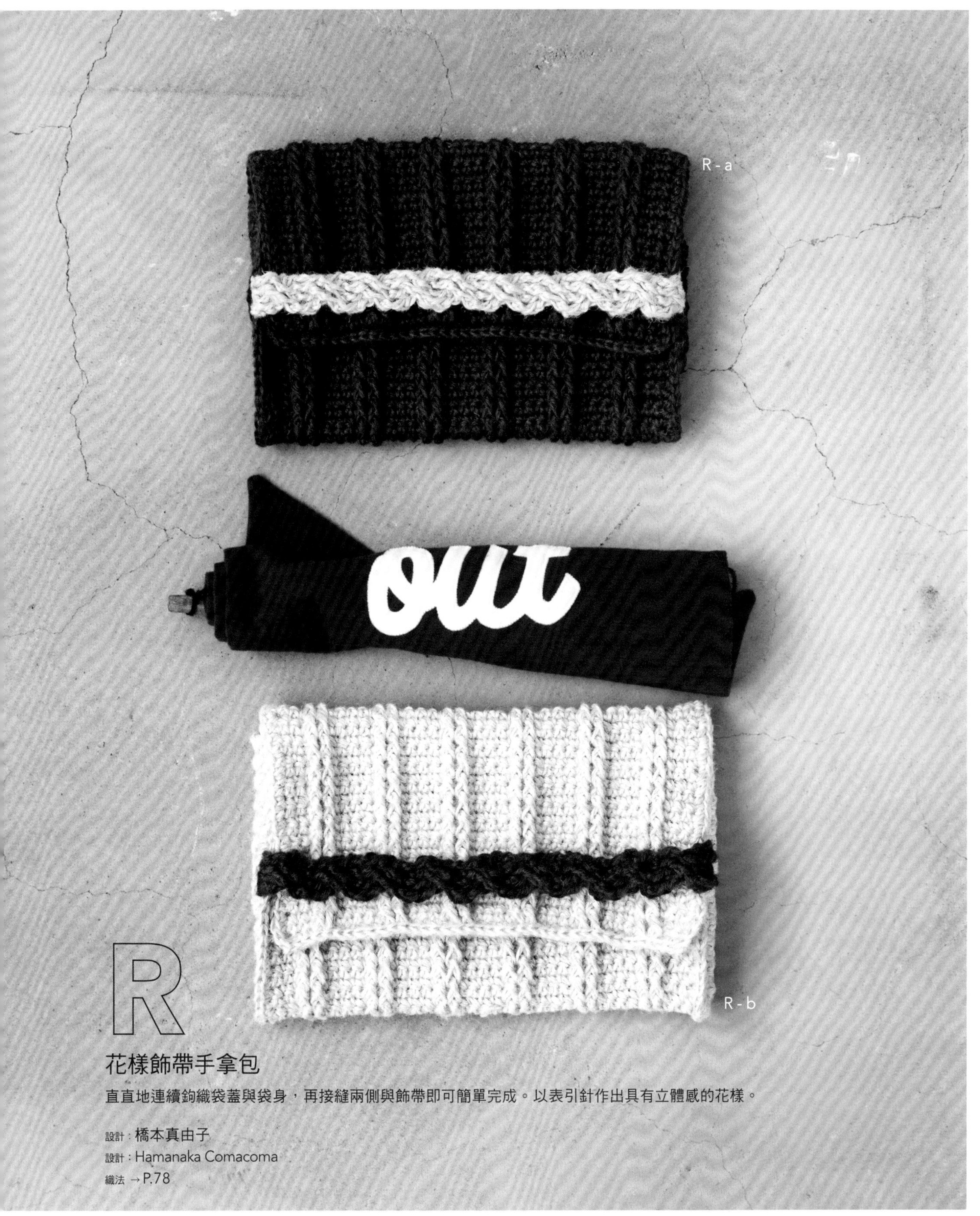
R - a
out
R - b

R

花樣飾帶手拿包

直直地連續鉤織袋蓋與袋身，再接縫兩側與飾帶即可簡單完成。以表引針作出具有立體感的花樣。

設計：橋本真由子
設計：Hamanaka Comacoma
織法 →P.78

組合花樣長方提袋

一款組合了短針、引上針、玉針，
以及各種花樣，極富趣味的手提袋。
北歐風配色的清新提袋樣式。

設計：野口智子
設計：Hamanaka Comacoma
織法 → P.80

T

流蘇提袋

利用零星織線製成流蘇，
點綴其上提升時尚度的提袋。
P.42亦介紹了各式各樣的織片飾品。

設計：千葉あやか
設計：Hamanaka Comacoma
織法 →P.82

T-a

T-b
T-c

格紋購物袋

利用包編方式製作的格紋花樣，
提袋內側也顯得乾淨俐落。
雅緻的茶色系與明亮的黃色系。
依據組合顏色的不同，呈現的風格也隨之變化。

設計：早川靖子
設計：Hamanaka Comacoma
織法 →P.84

U-a

U-b

Pear

The cultivation of the common **Pear** tree (*Pyrus communis*), from which, over the centuries, have developed most of the forms cultivated today, goes back to very ancient times. According to paleontological findings, its cultivation could date back to 35 to 40 centuries ago. It seems to have originated in western Asia and around the Caspian Sea. It has been known for many centuries in Europe. Both the Greeks and Romans prized it highly. Homer names the pear tree in listing the plants growing in Alcinous's garden. Some centuries later Theophrastus, Cato and Pliny also mention it. Theophrastus has handed down some extraordinary information. He considers separately the wild and cultivated species, and, for the latter, describes the methods of propagation by seeds and by grafting, and the methods of cultivation. He also wrote a long and knowledgeable dissertation about the usefulness of cross-pollination, so we know that even in those times the pear's cultivation was wide-spread. Later, Cato identified six varieties, and Pliny nearly forty, although Virgil had written of only three. The varieties of the pear have been continuously in-creasing, especially since the mid-eighteenth century. Today more than five thousand varieties can be listed, some of them spread throughout the world, others found in only one country, or even limited to a small locality. Although the cultivated varieties are numerous, the fruit industries try to restrict cultivation to those varieties that offer the best commercial guarantee, because of their limited

掀蓋小波奇包

接縫磁釦的掀蓋波奇包，十分便於袋中的整理。
編織大型提袋好像很麻煩……若是如此，不妨就從這個尺寸開始嘗試吧！

設計：Ami
設計：Hamanaka Comacoma
織法 → P.91

W

花樣織片拼接方形提袋

先鉤織12片小小的花樣織片，再以捲針縫拼接。
為了避免使用時變形，因此以紮實地短針鉤織袋底與袋口。

設計：Ami
設計：Hamanaka Comacoma
織法 →P.86

X

Y

XY

親子外出袋

在霧面的麻繩之間，織入具有光澤感的Rayon纖維素材，以此組合而成的親子提袋。
兒童包活用了四股編的繩辮前端，打結後猶如流蘇般化為裝飾。

設計：himawari
設計：Hamanaka Comacoma
Hamanaka Eco Andaria
織法 →P.88

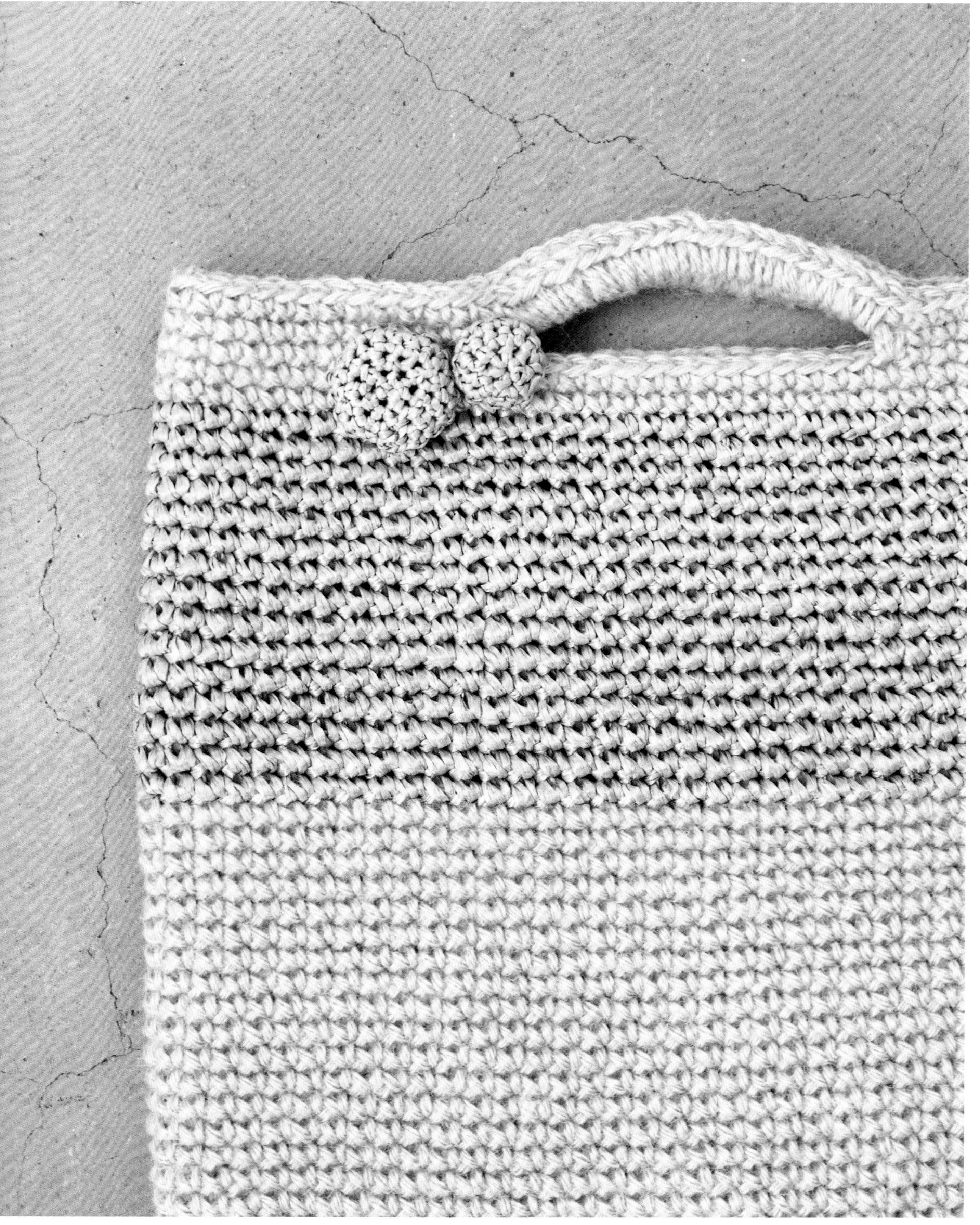

Z

各式各樣的提袋裝飾

利用剩餘的零星織線簡單製成提袋裝飾。
像P.34的流蘇般，綁上吊繩再繫於提袋把手，
亦可在背面縫上別針，當作胸針來使用。

設計：Ronique（ロニーク）
設計：Hamanaka Comacoma
織法→P.43

Z 各式各樣的提袋裝飾 作品 P.42

◎準備工具

線材 Hamanaka Comacoma（40g／球）
幸運草 苔蘚綠（9）、**星星** 黃色（3）、
蝴蝶結 橘色（8）、**迷你包** 粉紅色（17）
… 各少量

針具 Hamanaka Ami Ami 樂樂雙頭鉤針8/0號

其他 **迷你包** 直徑5㎜金色珠1顆
手縫針

尺寸 參照示意圖

◎織法 取1條織線進行鉤織。

幸運草、星星分別繞線作輪狀起針，依織圖進行鉤織。

蝴蝶結、迷你包分別作鎖針起針，依織圖鉤織完成作品。

幸運草

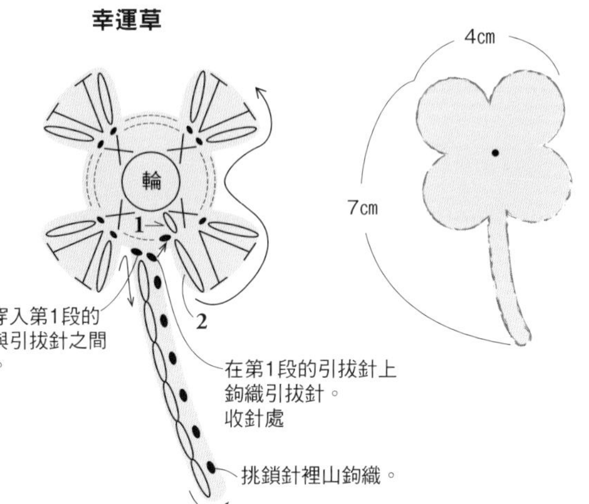
輪
1
2
4cm
7cm
鉤針穿入第1段的短針與引拔針之間鉤織。
在第1段的引拔針上鉤織引拔針。收針處
挑鎖針裡山鉤織。

星星

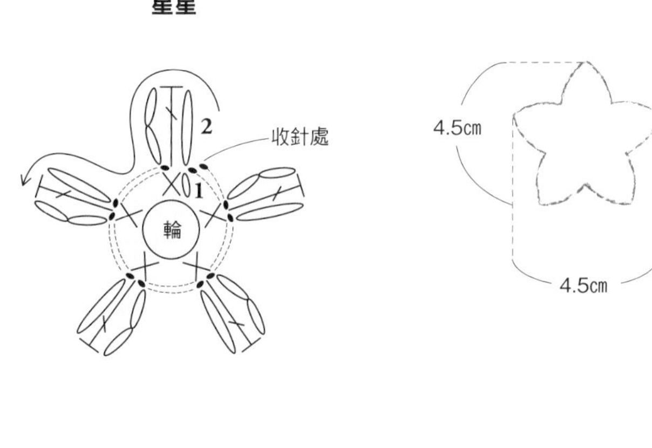
2
收針處
1
輪
4.5cm
4.5cm

迷你包

蝴蝶結

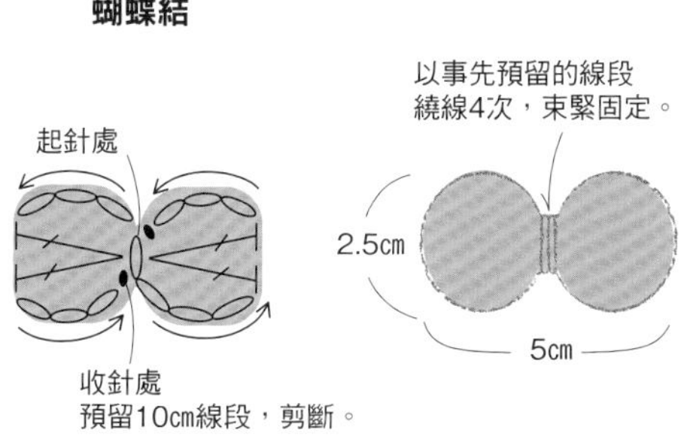
起針處
收針處
預留10cm線段，剪斷。
以事先預留的線段繞線4次，束緊固定。
2.5cm
5cm

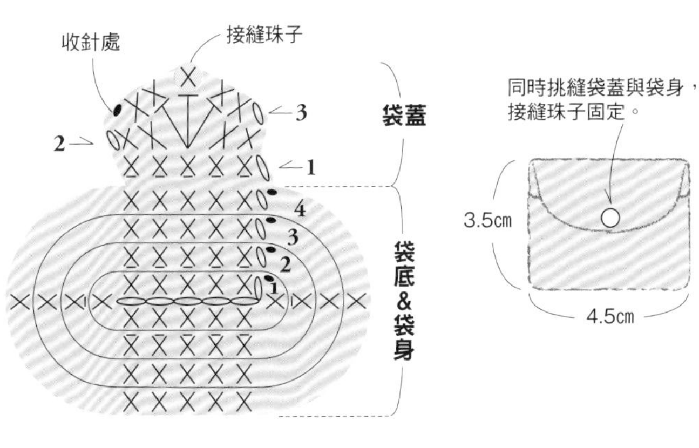
收針處
接縫珠子
3
2
1
袋蓋
4
3
2
1
袋底&袋身
同時挑縫袋蓋與袋身，接縫珠子固定。
3.5cm
4.5cm

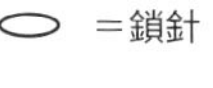
=鎖針

=短針

=短針的筋編

=引拔針

=長針

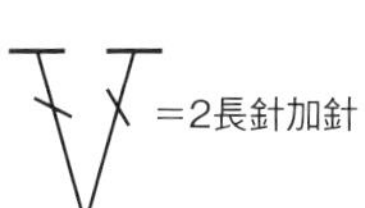
=2長針加針

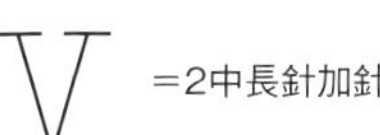
=2中長針加針

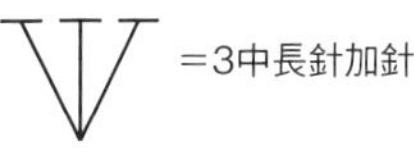
=3中長針加針

A 圓形托特包 作品P.6・P.7

◎**準備工具**

線材 Hamanaka Comacoma（40g／球）
a. 杏色（2）… 280g
b. 杏色（2）… 190g 黑色（12）… 90g

針具 Hamanaka Ami Ami 樂樂雙頭鉤針8/0號

密度 短針 13針15段＝10㎝正方形

尺寸 參照示意圖

◎**織法** 取1條織線，a.為杏色1色、b.以指定的配色進行鉤織。

❶袋底與袋身為繞線作輪狀起針，織入6針短針，第2段開始依織圖一邊加針，一邊以指定的配色進行鉤織。

❷提把為鎖針起針40針，依織圖鉤織短針與鎖針。完成後以相同作法鉤織另1條。

❸提把兩端各預留7針，中段則背面相對對摺，進行引拔。

❹將提把縫合固定於袋身的指定位置上。

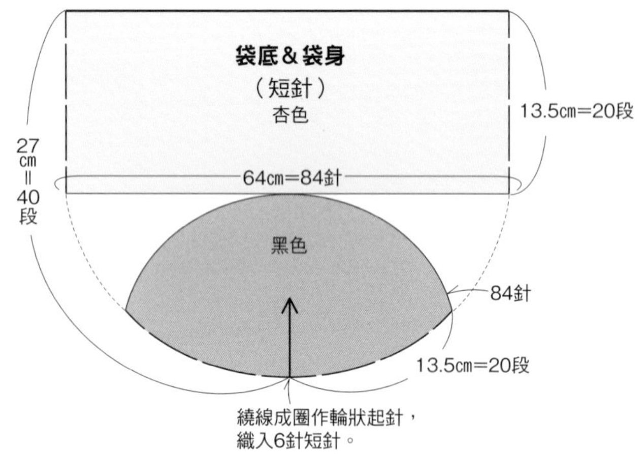

袋底&袋身
（短針）
杏色
13.5㎝=20段
27㎝=40段
64㎝=84針
黑色
84針
13.5㎝=20段
繞線成圈作輪狀起針，
織入6針短針。

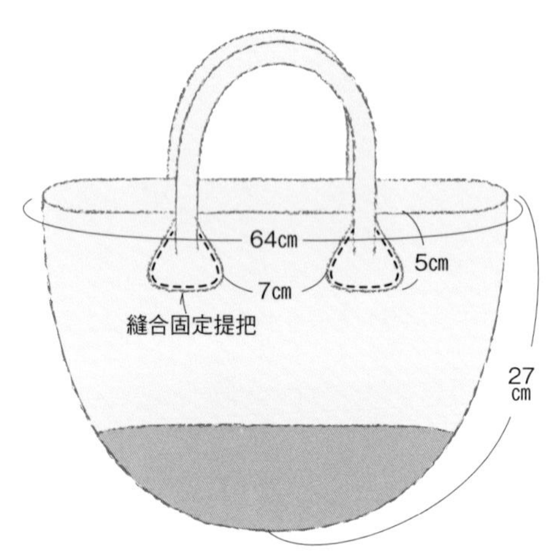

64㎝
5㎝
7㎝
縫合固定提把
27㎝

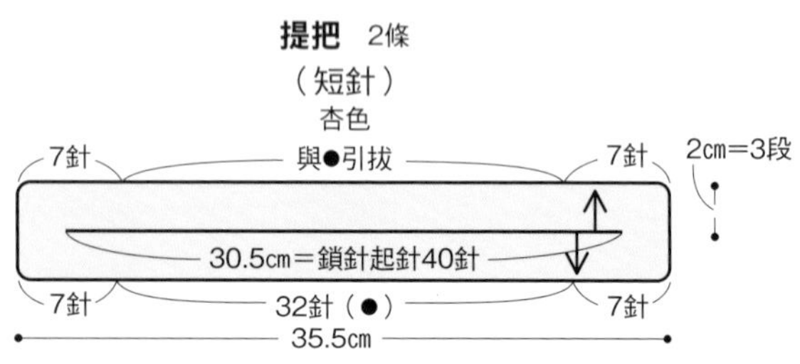

提把 2條
（短針）
杏色
7針
與●引拔
7針
2㎝=3段
30.5㎝=鎖針起針40針
7針
32針（●）
7針
35.5㎝

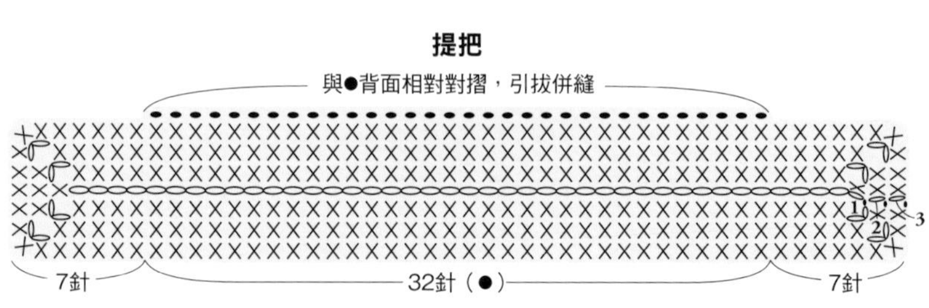

提把
與●背面相對對摺，引拔併縫
7針
32針（●）
7針

鎖針接縫 ※為了更清晰易懂，因此改以不同色線示範。

① 織到最後一針時，抽出鉤針，預留約15㎝的線段後剪斷，拉出織線。

② 織線穿入手縫針，挑第1針的短針針頭。

③ 拉出織線，回到最後一針的短針針頭，在中央入針。

④ 收緊織線。第1針與最後一針之間形成1針鎖針，整齊美觀接合的模樣。

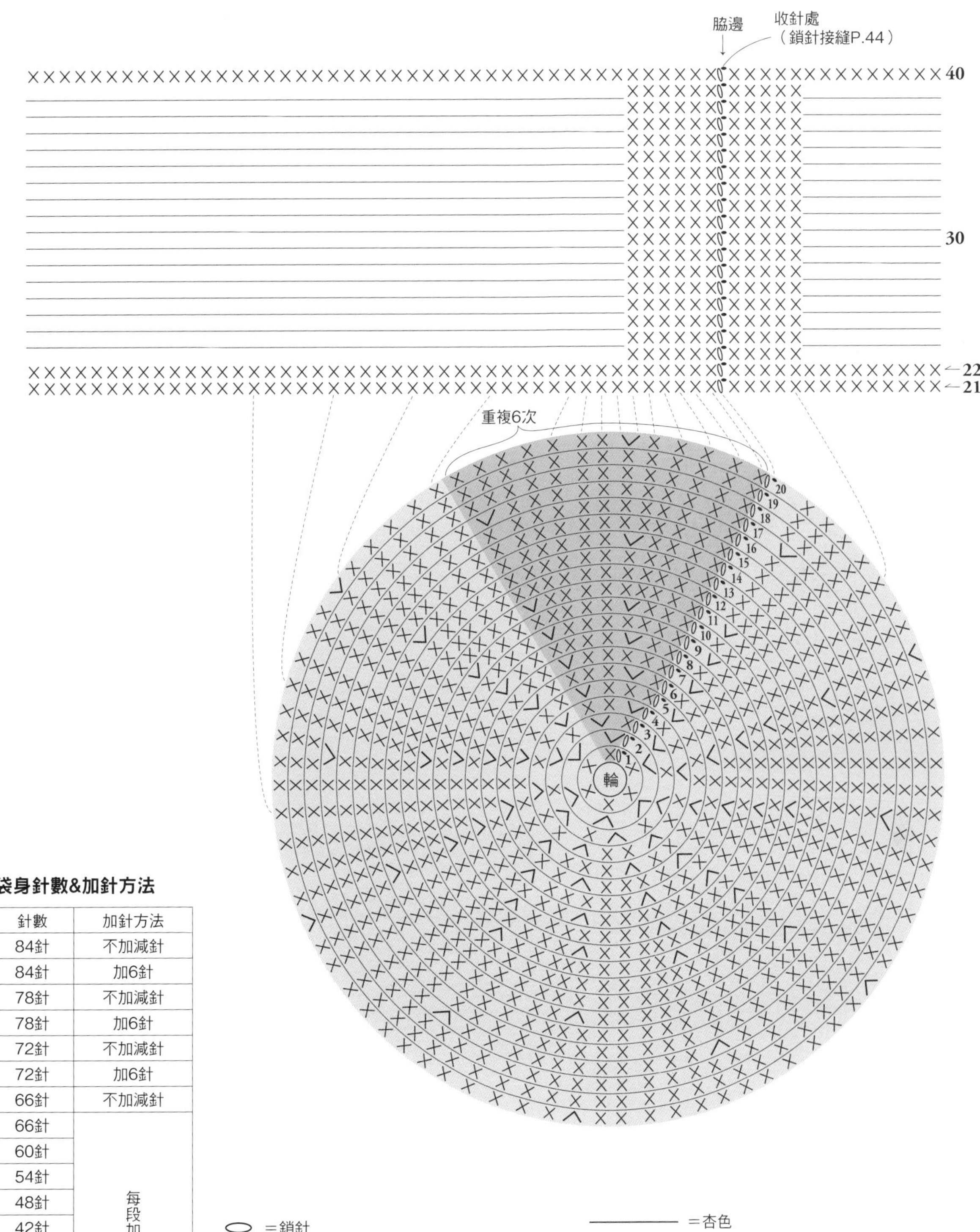

脇邊
收針處
（鎖針接縫P.44）
40
30
22
21
重複6次
輪
1
2
3
4
5
6
7
8
9
10
11
12
13
14
15
16
17
18
19
20

袋底・袋身針數&加針方法

段	針數	加針方法
21～40	84針	不加減針
20	84針	加6針
18、19	78針	不加減針
17	78針	加6針
15、16	72針	不加減針
14	72針	加6針
12、13	66針	不加減針
11	66針	每段加6針
10	60針	
9	54針	
8	48針	
7	42針	
6	36針	
5	30針	
4	24針	
3	18針	
2	12針	
1	織入6針	

○ ＝鎖針

X ＝短針

● ＝引拔針

V ＝ 2短針加針

—— ＝杏色

＝黑色

雙色提袋 作品P.8・P.9

◎**準備工具**

線材　Hamanaka Comacoma（40g／球）
　a. 白色（1）⋯185g　鈷藍色（16）⋯140g
　b. 鈷藍色（16）⋯185g　白色（1）⋯140g
　c. 紅色（7）⋯185g　白色（1）⋯140g

針具　Hamanaka Ami Ami 樂樂雙頭鉤針8/0號

密度　短針　13.5針＝10cm　11段＝7cm
　花樣編　13.5針13段＝10cm正方形

尺寸　參照示意圖

◎**織法**　取1條織線進行鉤織。

❶袋底為鎖針起針15針，依織圖以輪編進行短針的加針。
❷接續鉤織袋身，以往復編的輪編進行不加減針的花樣編，完成後剪線。
❸提把是於指定處接線，以往復編鉤織17段花樣編。
❹提把兩兩對齊疊合，以捲針併縫接合。
❺沿袋口與提把內、外側鉤織一圈緣編。

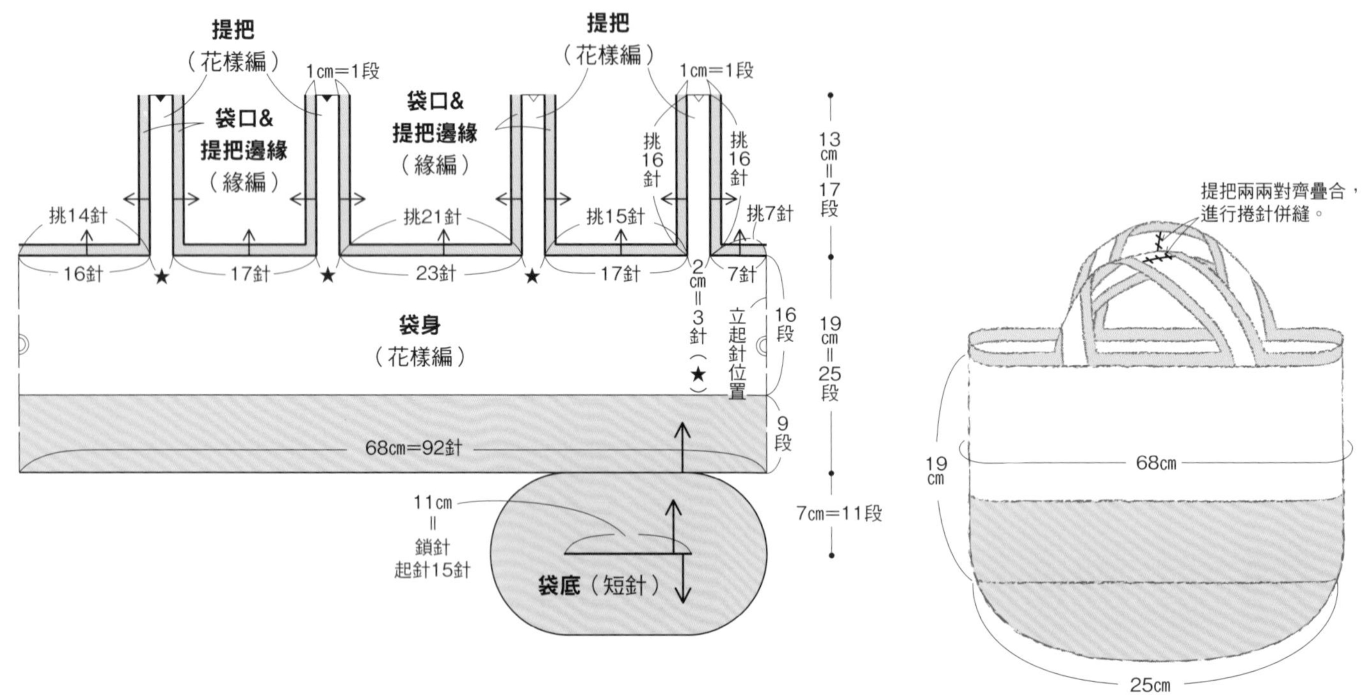

提把
（花樣編）
1cm＝1段
袋口&
提把邊緣
（緣編）
提把
（花樣編）
1cm＝1段
袋口&
提把邊緣
（緣編）
挑16針
挑16針
13cm＝17段
挑14針
挑21針
挑15針
挑7針
16針
17針
23針
17針
7針
2cm＝3針（★）
立起針位置
16段
19cm＝25段
袋身
（花樣編）
9段
68cm＝92針
11cm＝鎖針起針15針
袋底（短針）
7cm＝11段
提把兩兩對齊疊合，進行捲針併縫。
19cm
68cm
25cm

的織法（※為看著背面編織，因此實際上是編織）

※為了更清晰易懂，因此改以不同色線示範。

① 鉤織立起針的鎖針後，將織片翻面，鉤織第1針的短針，並且在同一針目鉤織中長針。

② 織好中長針，完成1組花樣。

③ 跳過1針，在下一針鉤織1針短針與中長針。

④ 完成4組花樣的模樣。接著，繼續編織。

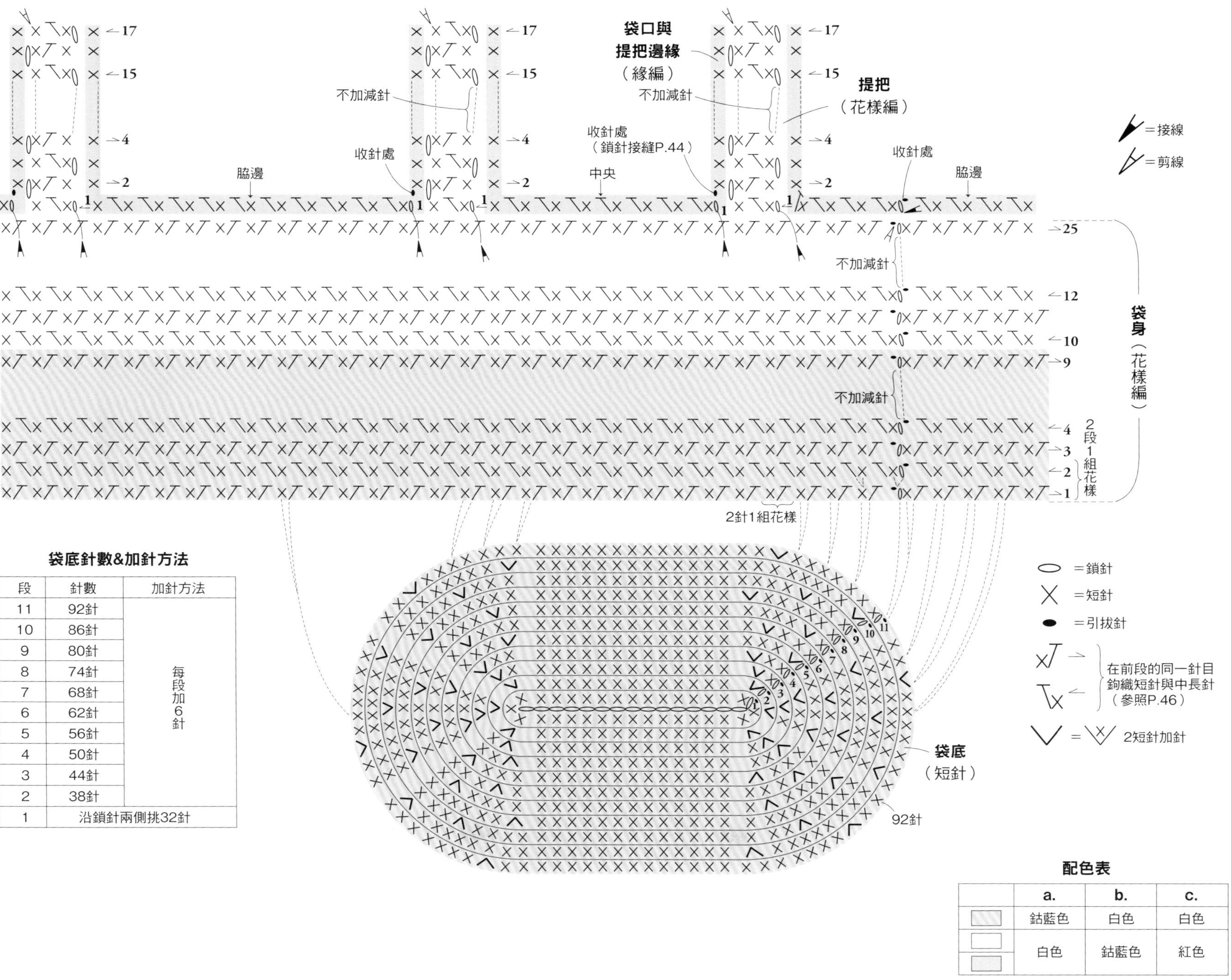

袋口與
提把邊緣
（緣編）
提把
（花樣編）
不加減針
收針處
收針處
（鎖針接縫P.44）
脇邊
中央
=接線
=剪線
袋身
（花樣編）
2段1組花樣
2針1組花樣
袋底
（短針）
92針
=鎖針
=短針
=引拔針
在前段的同一針目
鉤織短針與中長針
（參照P.46）
=2短針加針

袋底針數&加針方法

段	針數	加針方法
11	92針	每段加6針
10	86針	
9	80針	
8	74針	
7	68針	
6	62針	
5	56針	
4	50針	
3	44針	
2	38針	
1	沿鎖針兩側挑32針	

配色表

	a.	b.	c.
(灰)	鈷藍色	白色	白色
(白)(灰)	白色	鈷藍色	紅色

松編花樣馬歇爾包 作品P.10・P.11

◎**準備工具**

線材 Hamanaka Comacoma（40g／球） 杏色（2）…290g

針具 Hamanaka Ami Ami 樂樂雙頭鉤針7/0號

其他 Hamanaka 皮革袋底（大）焦茶色 直徑20cm（H204-616） 1片

密度 花樣編① 1組花樣＝3.5cm 10.5段＝10cm

花樣編② 1組花樣＝4cm 5段＝6.5cm

尺寸 參照示意圖

◎**織法** 取1條織線進行鉤織。

❶袋底是在皮革袋底的60個洞孔中，交替鉤織短針與鎖針共120針。

❷接續鉤織袋身，以花樣編①、②進行輪編。

❸沿袋口鉤織1段短針。

❹提把為鎖針起針45針，沿起針針目兩側鉤織長針。將織片背面相對對摺，進行引拔併縫。以相同方式鉤織另1條提把織片。

❺提把以藏針縫固定於袋身內側。

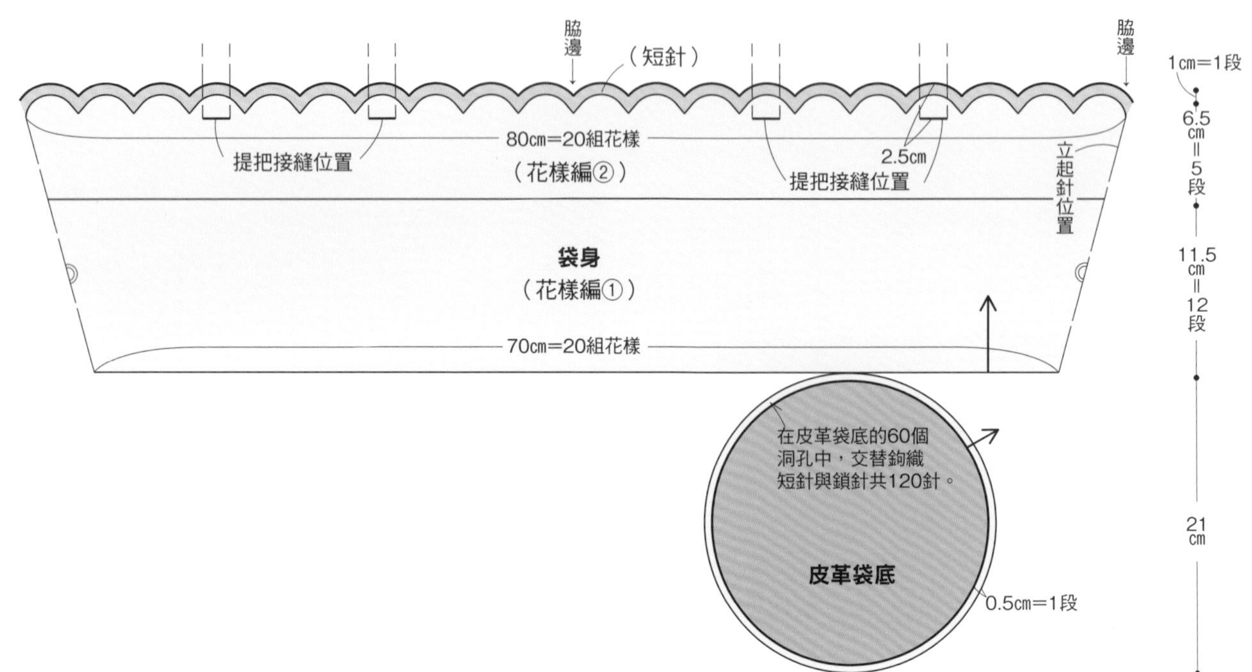

脇邊
（短針）
脇邊
1cm=1段
80cm=20組花樣
（花樣編②）
提把接縫位置
2.5cm
提把接縫位置
立起針位置
6.5cm=5段
袋身
（花樣編①）
11.5cm=12段
70cm=20組花樣
在皮革袋底的60個洞孔中，交替鉤織短針與鎖針共120針。
21cm
皮革袋底
0.5cm=1段

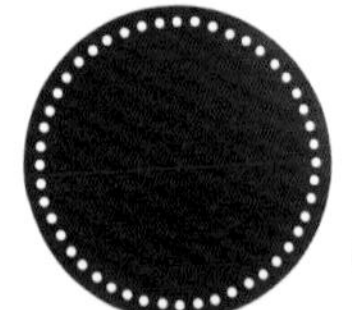

Hamanaka 皮革袋底（大）

皮革袋底的挑針方法

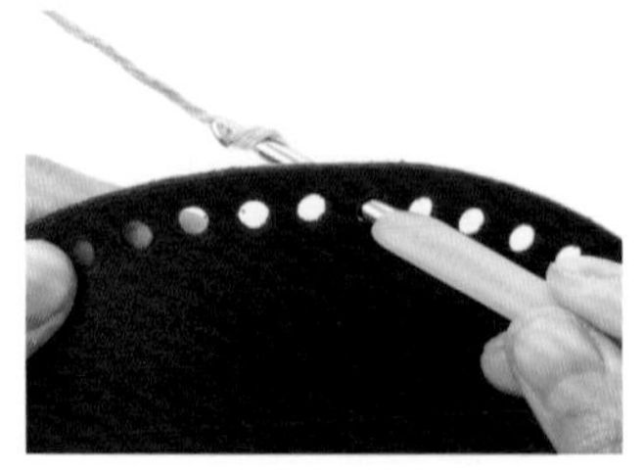

① 看著皮革袋底的正面鉤織。鉤針穿入洞孔中，鉤出織線。

② 鉤織立起針的鎖針。

③ 在同一個洞孔中鉤織1針短針。

④ 接著，鉤織1針鎖針，在相鄰的左側洞孔中鉤織1針短針，重複鉤織1圈。

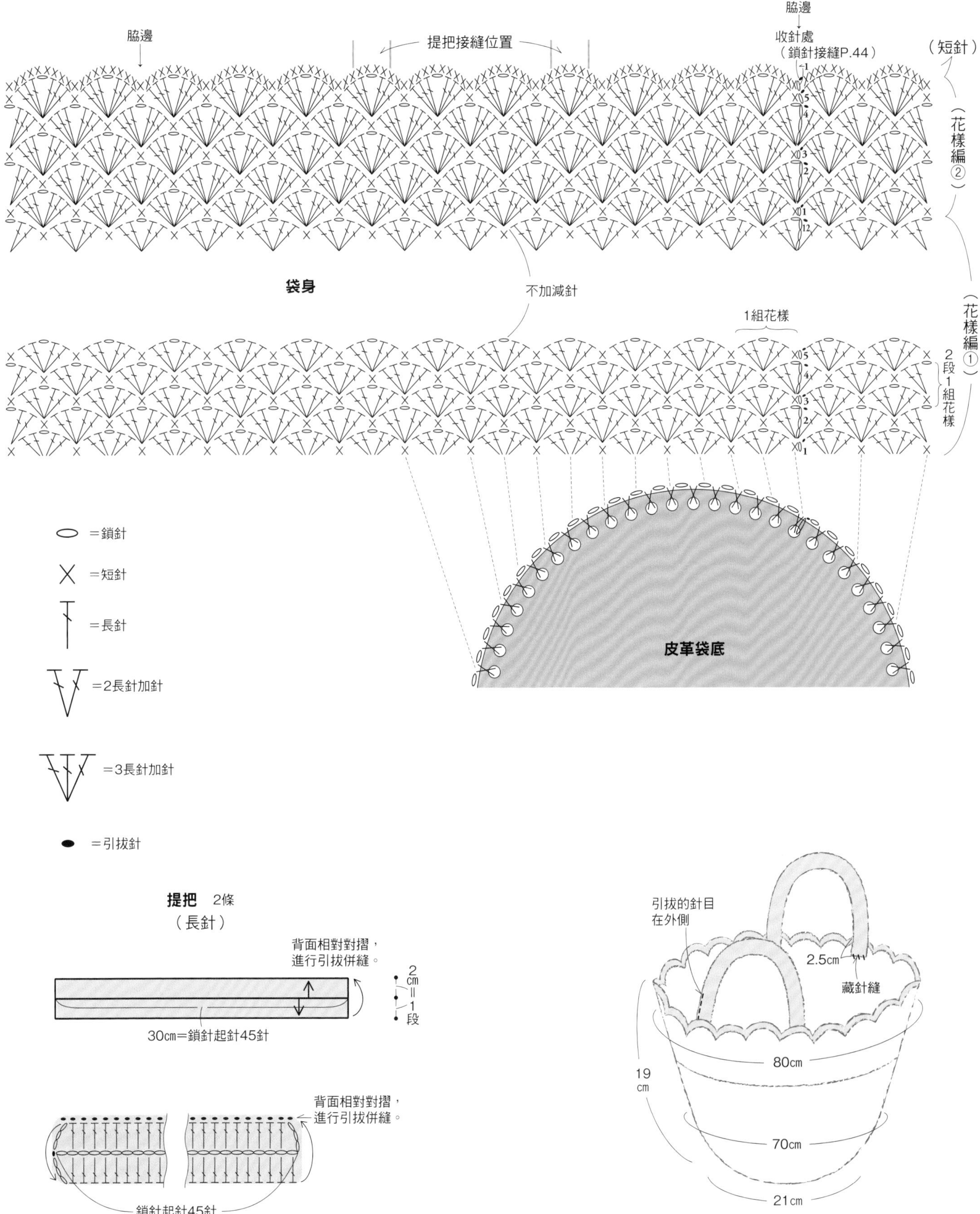
脇邊
提把接縫位置
脇邊
收針處
（鎖針接縫P.44）
（短針）
（花樣編②）
袋身
不加減針
1組花樣
（花樣編①）
2段1組花樣
皮革袋底
○＝鎖針
X＝短針
＝長針
＝2長針加針
＝3長針加針
●＝引拔針
提把 2條
（長針）
背面相對對摺，
進行引拔併縫。
2cm＝1段
30cm＝鎖針起針45針
背面相對對摺，
進行引拔併縫。
鎖針起針45針
引拔的針目
在外側
2.5cm
藏針縫
80cm
19cm
70cm
21cm

園藝提袋 作品P.12・P.13

◎**準備工具**

線材　Hamanaka Comacoma（40g／球）
a. 鈷藍色（16）… 270g
b. 黃色（3）… 270g

針具　Hamanaka Ami Ami 樂樂雙頭鉤針8/0號

密度　短針　13針15段＝10cm正方形

尺寸　參照示意圖

◎**織法**　取1條織線進行鉤織。

❶袋底為繞線作輪狀起針，織入6針短針。第2段開始依織圖進行短針的加針。

❷接續鉤織袋身，依織圖進行短針的加針。

❸口袋為鎖針起針25針，以往復編鉤織短針，織好後縫於袋身正面。

❹提把為鎖針起針5針，鉤織方式同口袋，再鉤織另1條相同的織片。將提把中段背面相對對摺，進行捲針併縫。

❺將袋口的摺份往內側摺入，縫合固定。

❻提把縫於袋身內側。

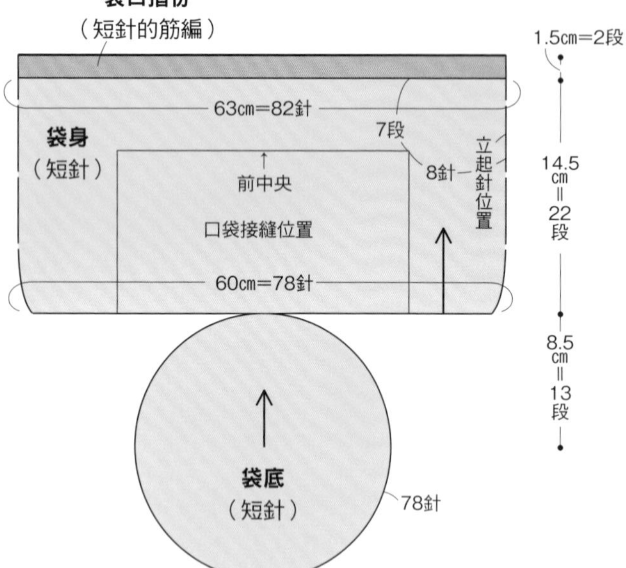

袋口摺份
（短針的筋編）
1.5cm=2段
63cm=82針
7段
袋身
（短針）
前中央
8針
立起針位置
口袋接縫位置
14.5cm=22段
60cm=78針
8.5cm=13段
袋底
（短針）
78針

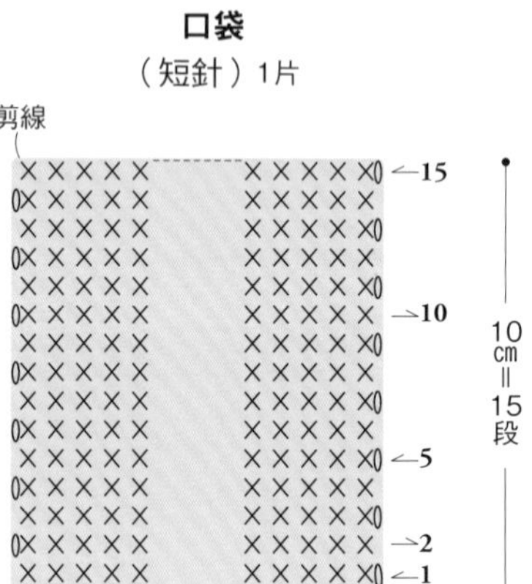

口袋
（短針）1片
剪線
15
10
5
2
1
10cm=15段
19cm=鎖針起針25針

短針筋編的織法

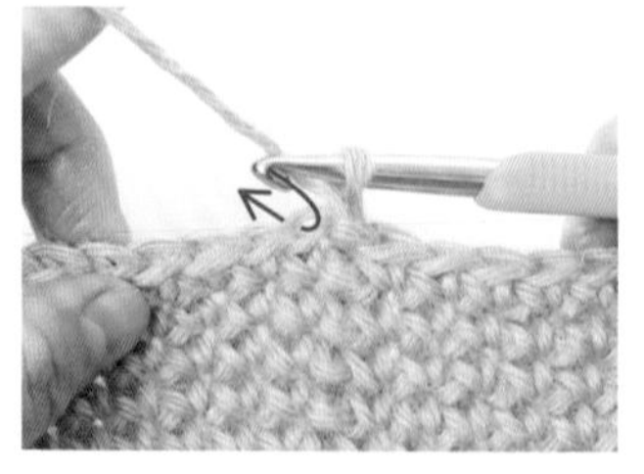

① 鉤織立起針的鎖針1針，依箭頭指示，挑前段鎖針的外側一條線。

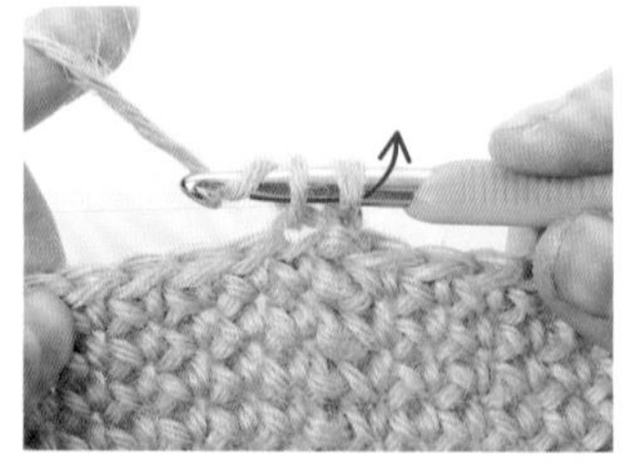

② 依短針的相同要領鉤織。

③ 留在內側的1條線呈現浮凸的條紋狀。

④ 接續編織。

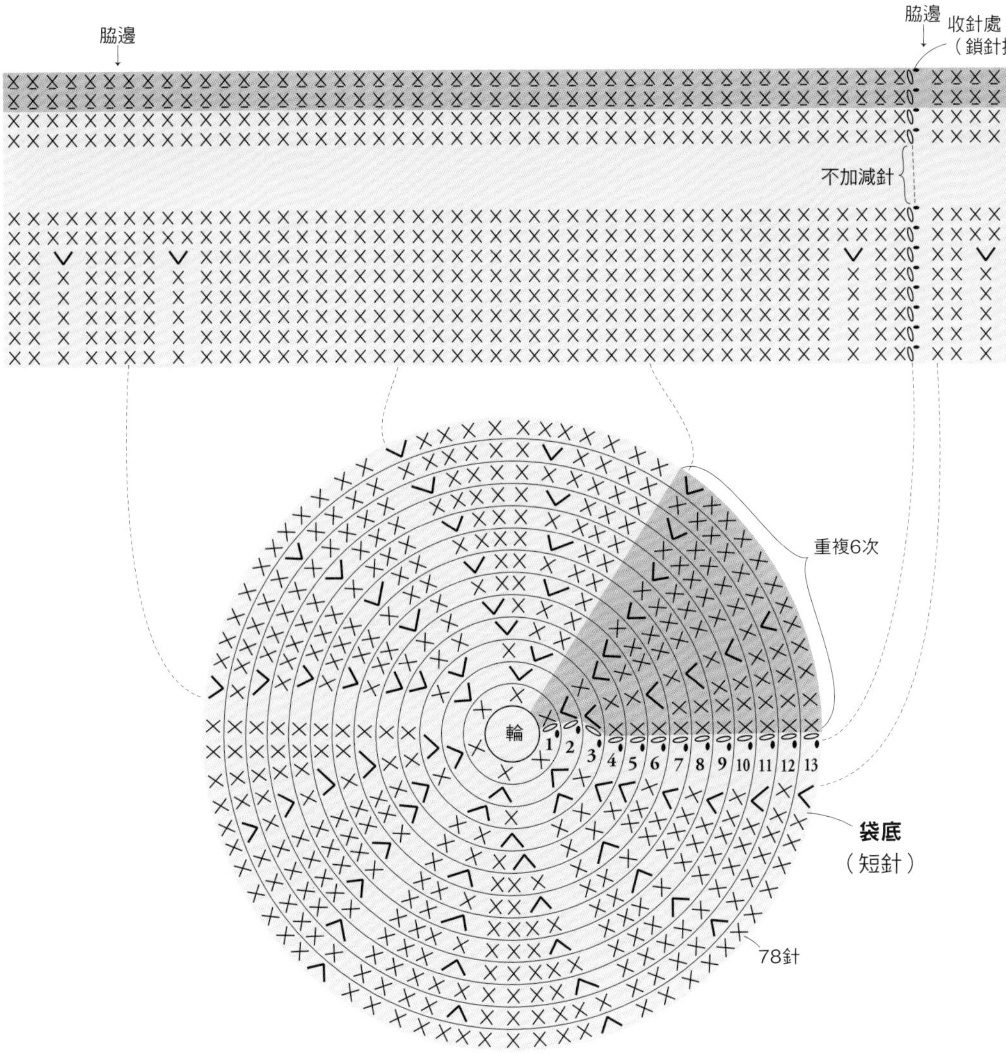

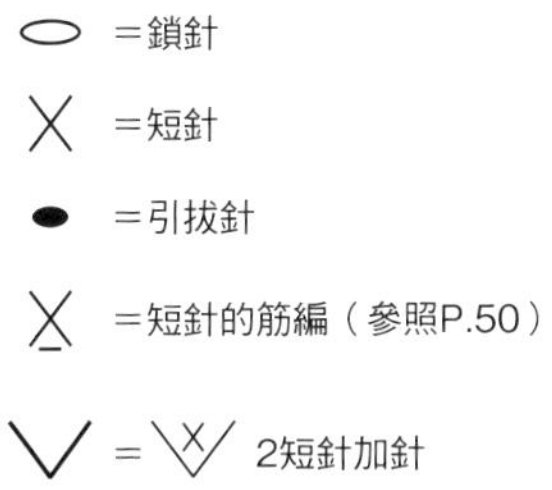

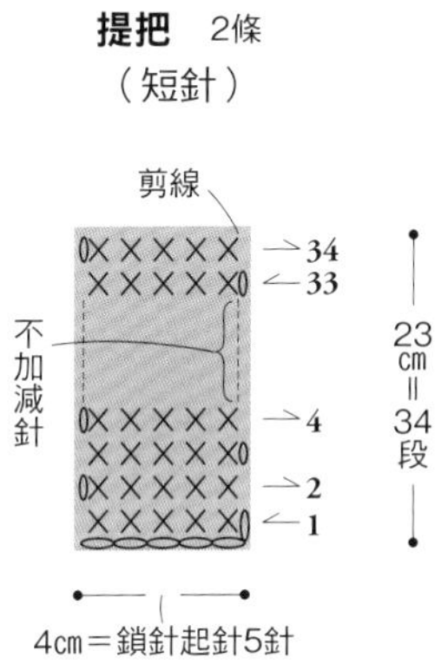

脇邊
脇邊 收針處
（鎖針接縫P.44）

袋口摺份
（短針的筋編）

不加減針

袋身
（短針）

重複6次

○ =鎖針
X =短針
● =引拔針
X =短針的筋編（參照P.50）
V = 2短針加針

輪

袋底
（短針）

78針

提把 2條
（短針）

剪線

不加減針

23cm＝34段

4cm＝鎖針起針5針

袋底・袋身針數與加針方法

	段	針數	加針方法
袋口摺份	1、2	82針	不加減針
袋身	7～22	82針	不加減針
	6	82針	加4針
	1～5	78針	不加減針
袋底	13	78針	每段加6針
	12	72針	
	11	66針	
	10	60針	
	9	54針	
	8	48針	
	7	42針	
	6	36針	
	5	30針	
	4	24針	
	3	18針	
	2	12針	
	1	織入6針	

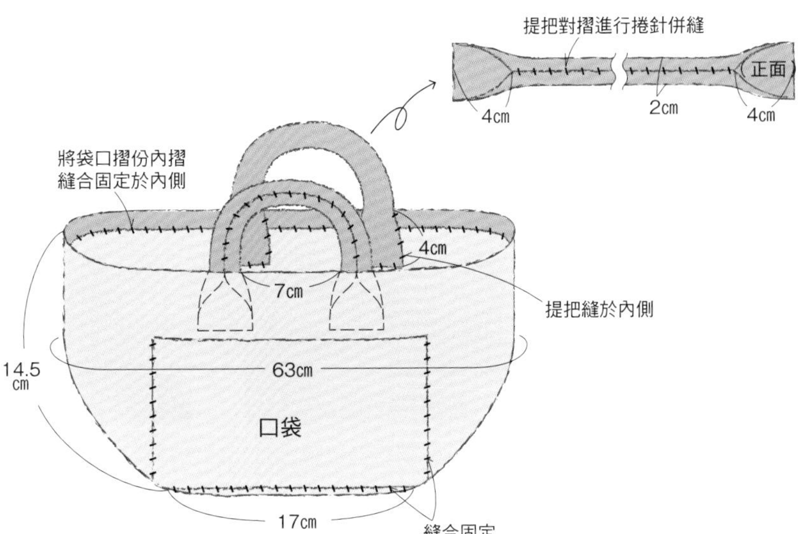

提把對摺進行捲針併縫
正面
4cm
2cm
4cm
將袋口摺份內摺
縫合固定於內側
4cm
7cm
提把縫於內側
14.5cm
63cm
口袋
17cm
縫合固定

結合皮革袋底的馬歇爾包 作品P.14

◎**準備工具**

線材 Hamanaka Comacoma（40g／球）
黑色（12）⋯220g
杏色（2）⋯140g

針具 Hamanaka Ami Ami 樂樂雙頭鉤針8/0號

其他 Hamanaka 皮革袋底（圓形） 黑色
直徑15.6cm（H204-596-2）1片

密度 花樣編 14針＝10cm 1組花樣（8段）＝5.5cm

尺寸 參照示意圖

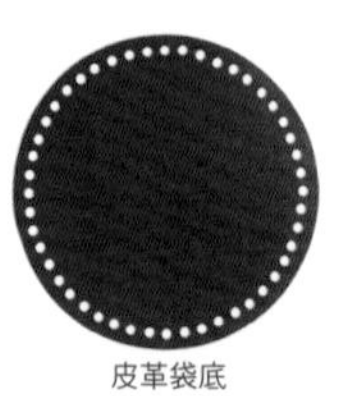
皮革袋底
（圓形）

◎**織法** 取1條織線，依指定配色鉤織。

❶袋底是在皮革袋底的48個洞孔中，織入96針短針。

❷接續以輪編的花樣編鉤織袋身。

❸以短針鉤織袋口與提把，並且於兩處指定位置分別鉤織35針的鎖針起針。

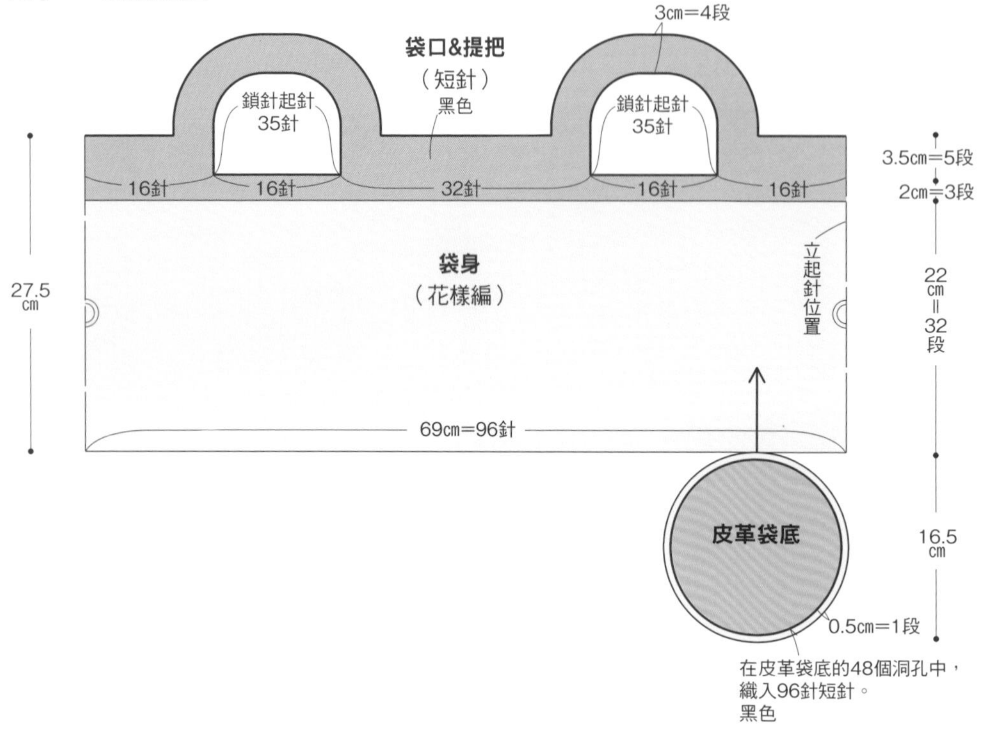

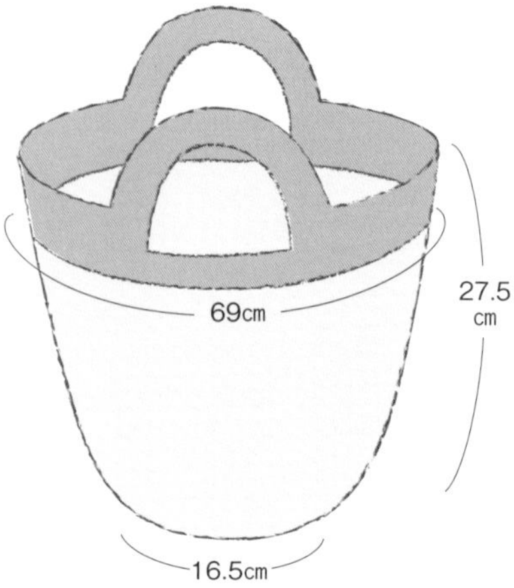

3cm＝4段
袋口&提把
（短針）
黑色
鎖針起針
35針
鎖針起針
35針
16針
16針
32針
16針
16針
3.5cm＝5段
2cm＝3段
27.5cm
袋身
（花樣編）
立起針位置
22cm＝32段
69cm＝96針
皮革袋底
16.5cm
0.5cm＝1段
在皮革袋底的48個洞孔中，
織入96針短針。
黑色
69cm
27.5cm
16.5cm

表引長針的織法 ※為了更清晰易懂，因此改以不同色線示範。

① 鉤針掛線，依箭頭指示從正面橫向穿入3段下的短針針柱。

② 鉤針掛線，依箭頭指示鉤出稍長的織線。

1
2

③ 依長針的相同要領鉤織。

④ 完成1針。

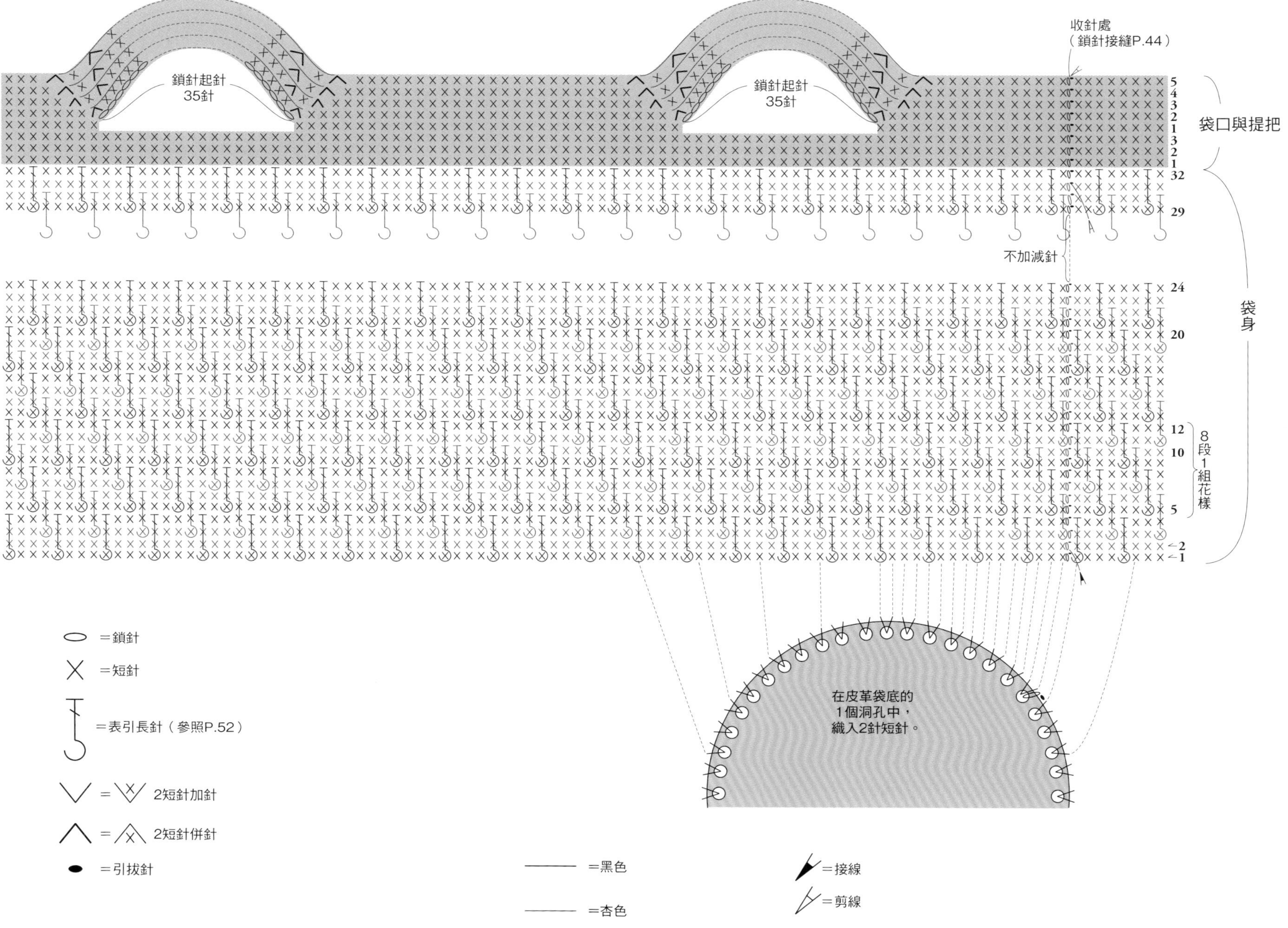
收針處
（鎖針接縫P.44）
鎖針起針
35針
鎖針起針
35針
袋口與提把
袋身
不加減針
8段1組花樣
在皮革袋底的
1個洞孔中，
織入2針短針。
=鎖針
=短針
=表引長針（參照P.52）
=2短針加針
=2短針併針
=引拔針
=黑色
=杏色
=接線
=剪線

F 口金斜背包 作品P.15

◎**準備工具**

線材 Hamanaka Comacoma（40g／球）
杏色（2）… 130g
可可亞棕（15）… 50g

針具 Hamanaka Ami Ami 樂樂雙頭鉤針8/0號

其他 袋用口金 復古色 20×7cm
寬1.5cm・長120cm的雙頭問號鉤背帶
手縫針

密度 花樣編 14針18段＝10cm正方形

尺寸 參照示意圖

◎**織法** 取1條織線，依指定配色鉤織。

❶袋底為鎖針起針19針，依織圖以往復編的輪編進行花樣編的加針。

❷接續鉤織袋身，同樣依織圖進行花樣編的減針。

❸袋口依織圖在兩側減針，鉤織完成後剪線。在指定位置上接線，以相同方式鉤織另一側的袋口。

❹拆分1條織線，抽出一股線紗縫合織片與口金。

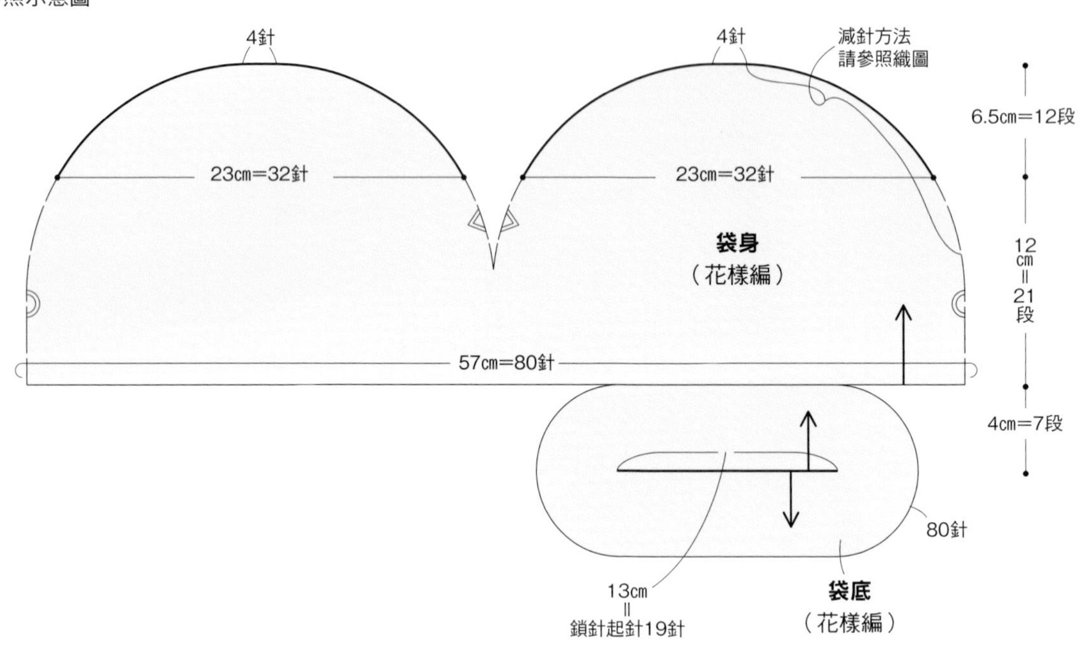

4針
4針
減針方法
請參照織圖
23cm=32針
23cm=32針
6.5cm=12段
袋身
（花樣編）
12cm=21段
57cm=80針
4cm=7段
80針
13cm=鎖針起針19針
袋底
（花樣編）

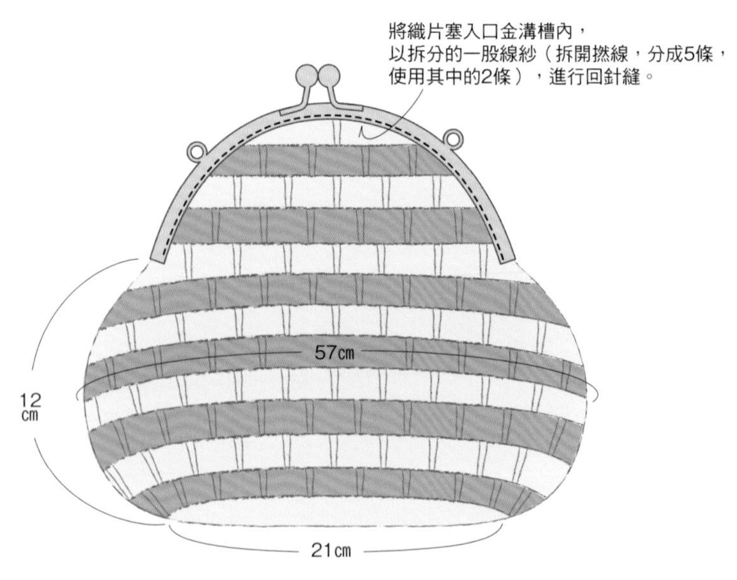

將織片塞入口金溝槽內，
以拆分的一股線紗（拆開撚線，分成5條，
使用其中的2條），進行回針縫。
57cm
12cm
21cm

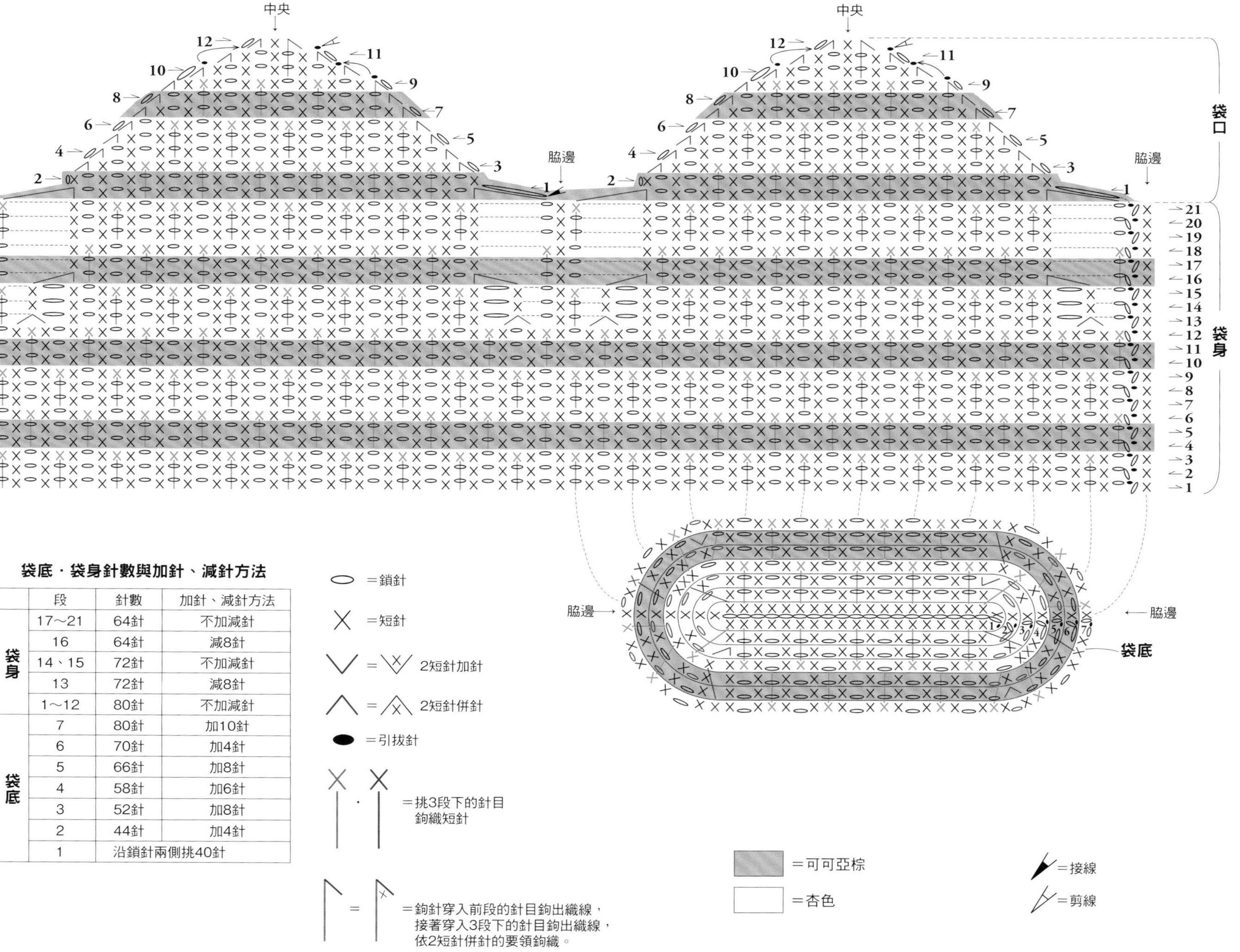
袋口
袋身
中央
脇邊
袋底
=鎖針
=短針
=2短針加針
=2短針併針
=引拔針
=挑3段下的針目
鉤織短針
=鉤針穿入前段的針目鉤出織線，
接著穿入3段下的針目鉤出織線，
依2短針併針的要領鉤織。
=可可亞棕
=杏色
=接線
=剪線

袋底・袋身針數與加針、減針方法

	段	針數	加針、減針方法
袋身	17～21	64針	不加減針
	16	64針	減8針
	14、15	72針	不加減針
	13	72針	減8針
	1～12	80針	不加減針
袋底	7	80針	加10針
	6	70針	加4針
	5	66針	加8針
	4	58針	加6針
	3	52針	加8針
	2	44針	加4針
	1	沿鎖針兩側挑40針	

橢圓肩背包 作品P.16・P.17

◎**準備工具**

線材 Hamanaka Comacoma（40g／球）
a. 白色（1）… 370g
b. 藍色（5）… 370g

針具 Hamanaka Ami Ami 樂樂雙頭鉤針8/0號

密度 花樣編 13針＝10cm 2段＝2.3cm

尺寸 參照示意圖

◎**織法** 取1條織線進行鉤織。

❶袋身為鎖針起針24針，依織圖以往復編鉤織11段花樣編的加針，第12至14段以輪編接續鉤織提把。

❷以短針鉤織提把〈內側〉。

❸以相同方式再鉤織另一片織片。

❹兩片袋身正面相對疊合，沿周圍鉤織短針併縫。

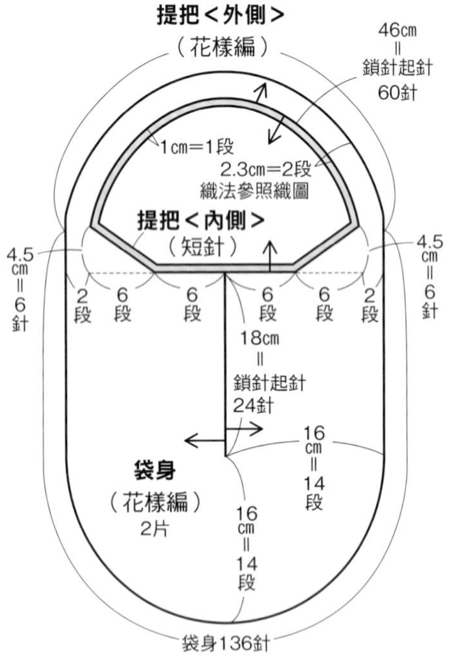

提把<外側>
（花樣編）
46cm
＝
鎖針起針
60針
1cm=1段
2.3cm=2段
織法參照織圖
提把<內側>
（短針）
4.5cm＝6針
4.5cm＝6針
2段 6段 6段 6段 6段 2段
18cm
＝
鎖針起針
24針
16cm＝14段
袋身
（花樣編）
2片
16cm＝14段
袋身136針

袋身針數、加針方法與織法

段	針數	加針方法	織法
14	136針	不加減針	以輪編鉤織袋身至提把〈外側〉為止
13	136針	加6針	
12	130針	加6針	接續鉤織提把鎖針，接合成環。
11	124針	加6針（4針）	往復編鉤織
10	114針	加6針	
9	108針	加6針（4針）	
8	98針	加6針	
7	92針	加6針（4針）	
6	82針	每段加6針	
5	76針		
4	70針		
3	64針		
2	58針		
1	沿鎖針兩側挑52針		

※（ ）內為袋口側的加針。

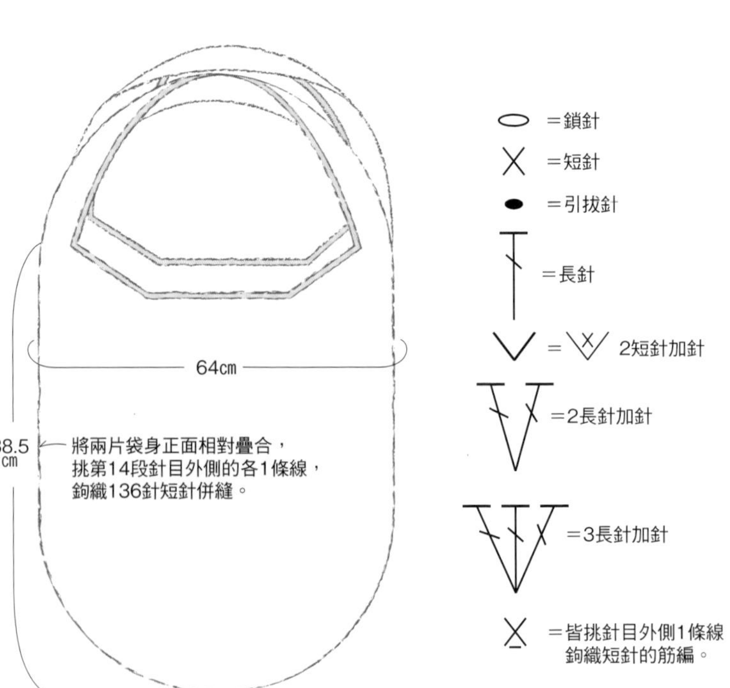

64cm
38.5cm
將兩片袋身正面相對疊合，
挑第14段針目外側的各1條線，
鉤織136針短針併縫。
＝鎖針
＝短針
＝引拔針
＝長針
＝ 2短針加針
＝2長針加針
＝3長針加針
＝皆挑針目外側1條線，
鉤織短針的筋編。

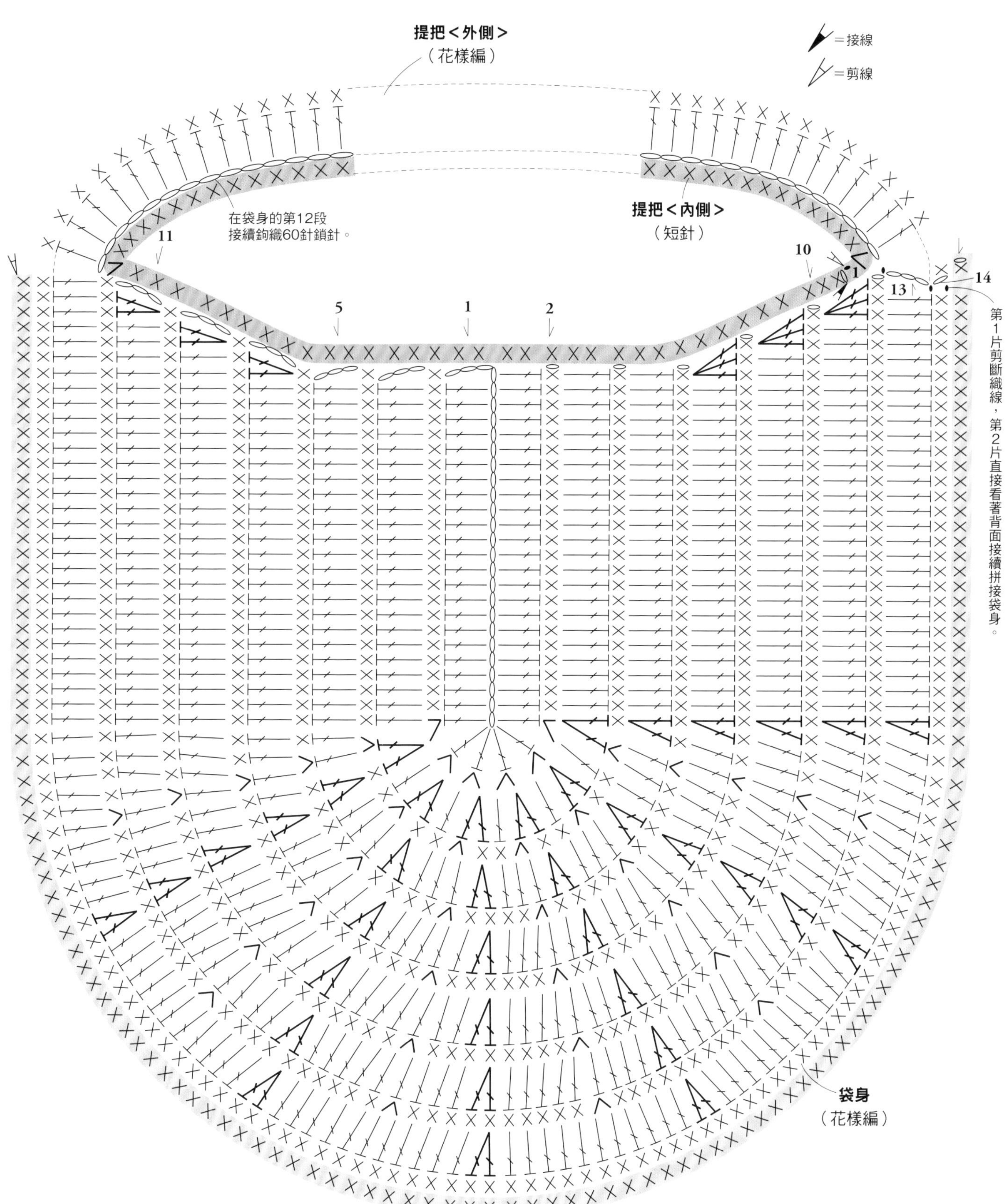
提把＜外側＞
（花樣編）
=接線
=剪線
在袋身的第12段
接續鉤織60針鎖針。
提把＜內側＞
（短針）
11
10
5
1
2
13
14
第1片剪斷織線，第2片直接看著背面接續拼接袋身。
袋身
（花樣編）

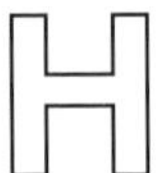

抽繩水桶包 作品 P.18

◎準備工具

線材 Hamanaka Comacoma（40g／球）
杏色（2）… 275g 白色（1）… 55g

針具 Hamanaka Ami Ami 樂樂雙頭鉤針8/0號

密度 短針的筋編 13.5針12段＝10cm正方形
花樣編 13.5針＝10cm 5段＝6cm

尺寸 參照示意圖

◎織法 取1條織線，依指定配色鉤織。

❶袋底為繞線作輪狀起針，織入8針短針。第2段開始依織圖加針，以短針的筋編鉤織18段。

❷接續以花樣編與短針的筋編鉤織袋身。

❸接續鉤織袋口，在第1段製作穿繩孔。

❹提把為鎖針起針50針，不加減針鉤織6段引拔針。以相同方式鉤織另1片，兩織片分別以藏針縫固定於袋口。

❺鎖針90針鉤織束口繩。再以相同方式鉤織另1條，兩繩各自從左、右脇邊穿入穿繩孔，繩端穿出在同一側。

❻織球為繞線作輪狀起針，織入6針短針。第2段開始依織圖進行加減針，最終段針目穿入織線，將零碎線頭填入內部後，縮口束緊。最後將束口繩端穿入內部，縫合固定。

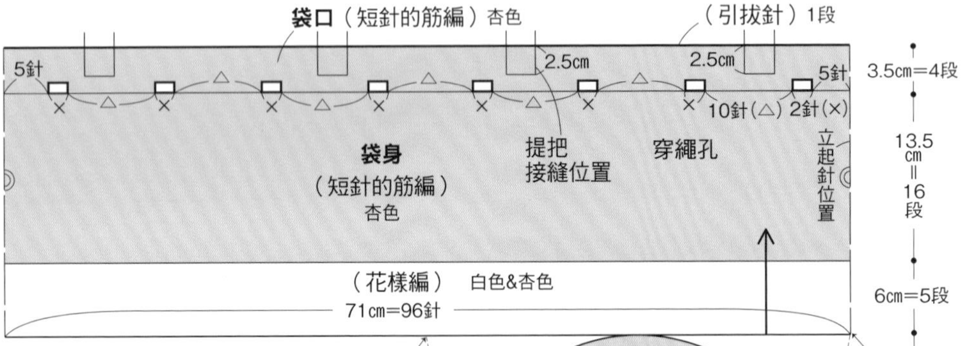

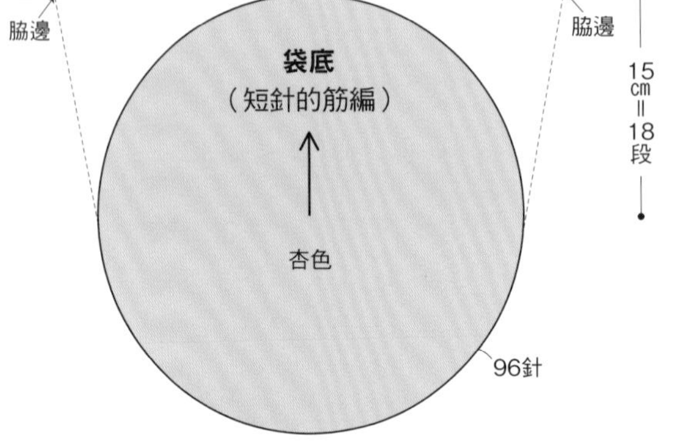

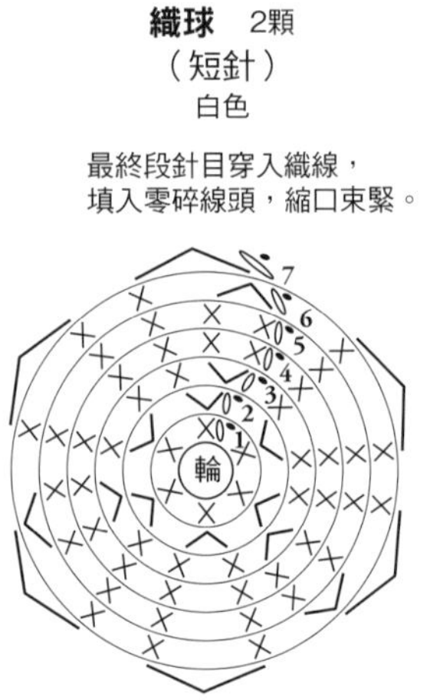

袋口（短針的筋編）杏色
（引拔針）1段
5針
2.5cm
2.5cm
5針
3.5cm＝4段
10針（△）2針（×）
袋身
（短針的筋編）
杏色
提把
接縫位置
穿繩孔
立起針位置
13.5cm＝16段
（花樣編） 白色&杏色
71cm＝96針
6cm＝5段
脇邊
脇邊
袋底
（短針的筋編）
杏色
96針
15cm＝18段

織球 2顆
（短針）
白色
最終段針目穿入織線，
填入零碎線頭，縮口束緊。
輪

交叉長針的織法

① 鉤針掛線，跳過1針後，挑針鉤織長針。

② 鉤針掛線，往回在跳過的針目挑針，如圖示從內側往外穿入鉤針，鉤出織線。

1
2

③ 依長針的相同要領鉤織。

④ 完成交叉長針。以後織的針目包裹先前鉤織的針目。

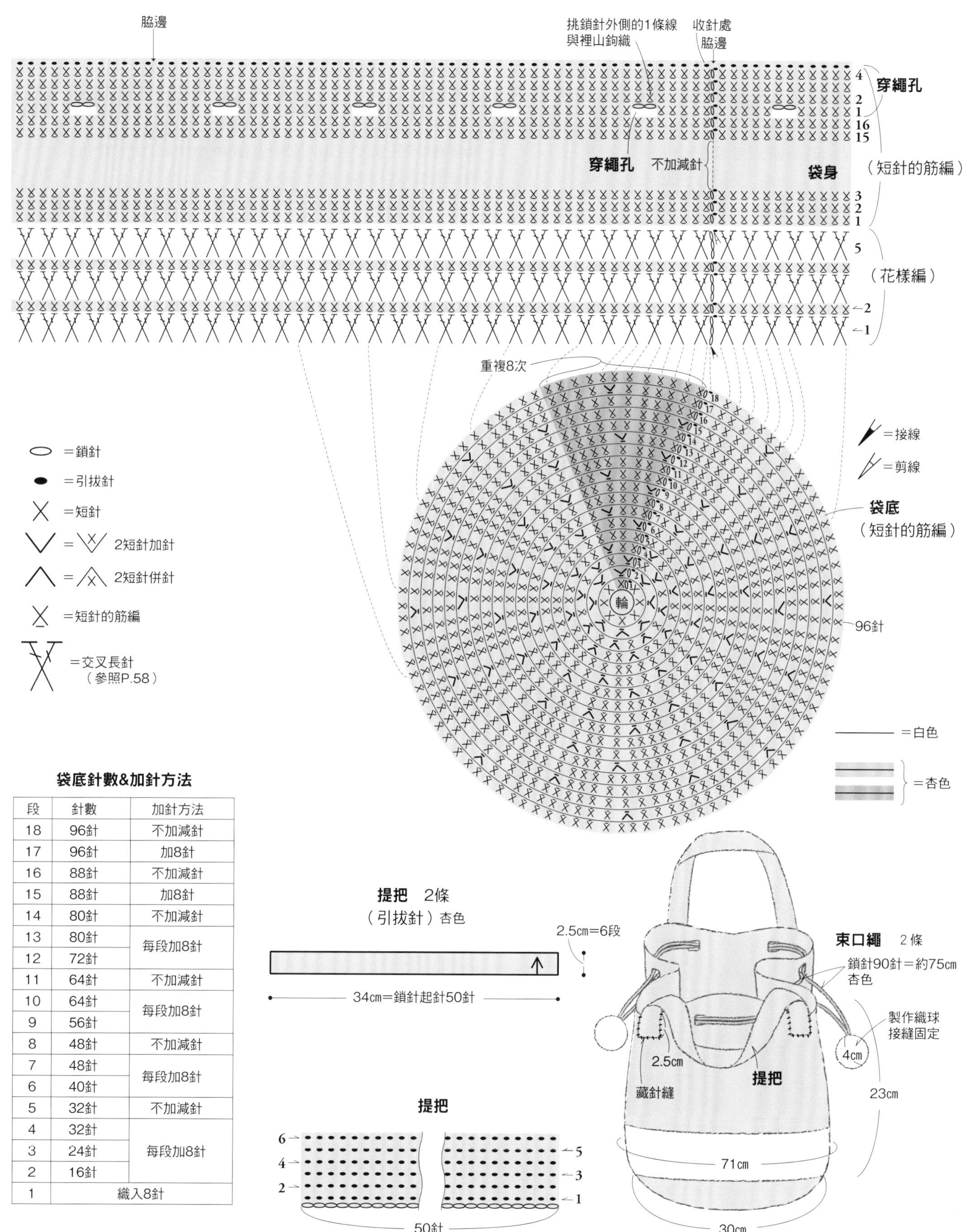

脇邊
挑鎖針外側的1條線
與裡山鉤織
收針處
脇邊
穿繩孔
不加減針
袋身
（短針的筋編）
（花樣編）
重複8次
輪
=接線
=剪線
袋底
（短針的筋編）
96針
=鎖針
=引拔針
=短針
=2短針加針
=2短針併針
=短針的筋編
=交叉長針
（參照P.58）
=白色
=杏色
提把　2條
（引拔針）杏色
2.5cm=6段
34cm=鎖針起針50針
提把
50針
束口繩　2條
鎖針90針=約75cm
杏色
製作織球
接縫固定
4cm
2.5cm
藏針縫
23cm
71cm
30cm

袋底針數&加針方法

段	針數	加針方法
18	96針	不加減針
17	96針	加8針
16	88針	不加減針
15	88針	加8針
14	80針	不加減針
13	80針	每段加8針
12	72針	
11	64針	不加減針
10	64針	每段加8針
9	56針	
8	48針	不加減針
7	48針	每段加8針
6	40針	
5	32針	不加減針
4	32針	每段加8針
3	24針	
2	16針	
1	織入8針	

小巧圓提袋 作品P.19

◎**準備工具**

線材 Hamanaka Comacoma（40g／球）
a. 鈷藍色（16）⋯ 175g
b. 紅色（7）⋯ 175g

針具 Hamanaka Ami Ami 樂樂雙頭鉤針8/0號

密度 短針　14針＝10cm　10段＝7.5cm
花樣編　14針9.5段＝10cm正方形

尺寸 參照示意圖

◎**織法**　取1條織線進行鉤織。

❶袋底為繞線作輪狀起針，織入6針短針。第2段開始依織圖加針。
❷接續以花樣編一邊加針，一邊鉤織袋身。
❸提把為鎖針起針40針，依織圖以短針的筋編進行加針。再以相同方式鉤織另1條。
❹將提把縫合固定於袋身內側。

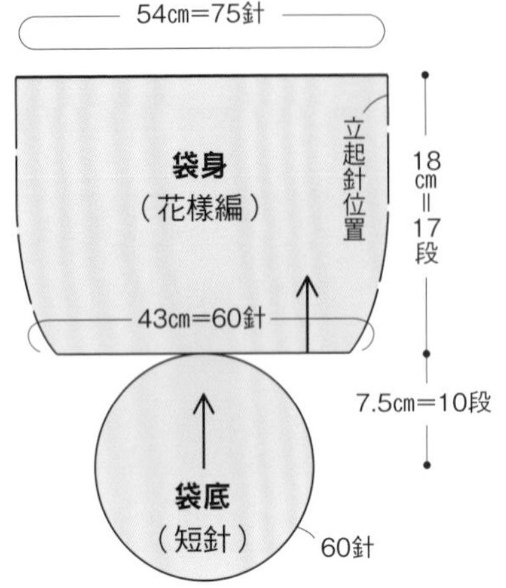

54cm=75針
袋身
（花樣編）
立起針位置
18cm＝17段
43cm=60針
7.5cm=10段
袋底
（短針）
60針

＝鎖針
＝短針
＝短針的筋編
＝引拔針
＝長長針的筋編

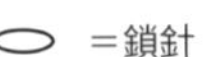

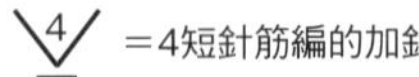
＝2短針加針
＝2短針筋編的加針
＝4短針筋編的加針

長長針的筋編織法 ※為了更清晰易懂，因此改以不同色線示範。

① 鉤針掛線2次，依箭頭指示，挑前段鎖針的外側1條線，鉤針掛線，鉤出織線。

② 鉤針掛線，引拔鉤針上的前2個線圈，鉤針再次掛線，引拔前2個線圈。

③ 鉤針掛線，引拔針上最後2個線圈。

④ 完成長長針的筋編。

4短針筋編的加針 ※為了更清晰易懂，因此改以不同色線示範。

① 鉤織立起針的鎖針1針，鉤針依箭頭指示穿入，鉤出織線。

② 鉤針掛線引拔，鉤織短針。

③ 完成1針短針。依相同要領，於同一針目挑針，織入餘下的3針短針。

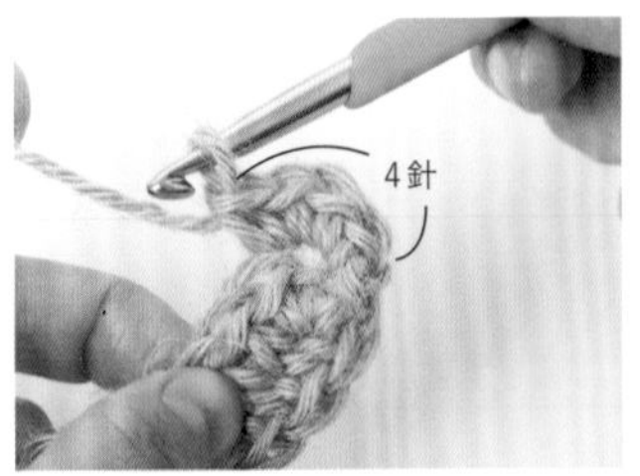

4針

④ 完成4針短針。

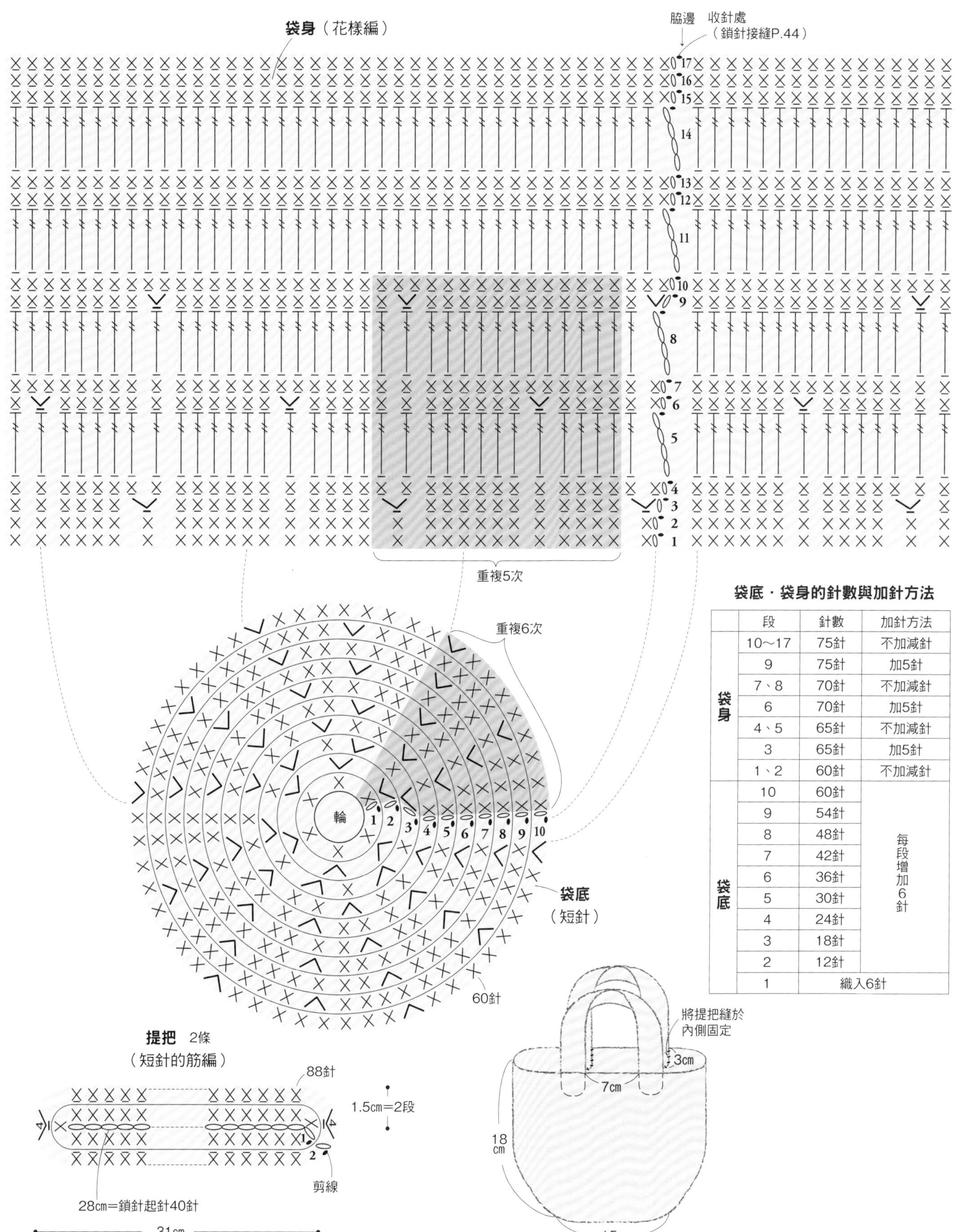

袋身（花樣編）
脇邊
收針處
（鎖針接縫P.44）
重複5次
重複6次
輪
袋底
（短針）
60針
提把 2條
（短針的筋編）
88針
1.5cm＝2段
剪線
28cm＝鎖針起針40針
31cm
將提把縫於
內側固定
3cm
7cm
18
cm
15cm

袋底・袋身的針數與加針方法

	段	針數	加針方法
袋身	10～17	75針	不加減針
	9	75針	加5針
	7、8	70針	不加減針
	6	70針	加5針
	4、5	65針	不加減針
	3	65針	加5針
	1、2	60針	不加減針
袋底	10	60針	每段增加6針
	9	54針	
	8	48針	
	7	42針	
	6	36針	
	5	30針	
	4	24針	
	3	18針	
	2	12針	
	1	織入6針	

涼夏蝴蝶結提袋 作品P.20

◎**準備工具**

線材 Hamanaka Comacoma（40g／球） 杏色（2）⋯255g
Hamanaka Eco Andaria（40g／球） 藍色（20）⋯25g

針具 Hamanaka Ami Ami 樂樂雙頭鉤針7/0號

密度 短針（Comacoma） 14針15.5段＝10㎝正方形

尺寸 參照示意圖

◎**織法** 取1條指定的織線進行鉤織。

❶袋底為繞線作輪狀起針，織入6針短針。第2段開始依織圖加針。

❷接續以不加減針的短針鉤織25段袋身，第26段於指定處鉤織一圈引拔針。

❸提把鉤鎖針起針65針，依織圖鉤織完成。再以相同方式鉤織另1條，分別縫合固定於袋身內側。

❹蝴蝶結A至C分別以鎖針起針，鉤織短針。

❺組合蝴蝶結A至C，縫合固定於袋身前中央。

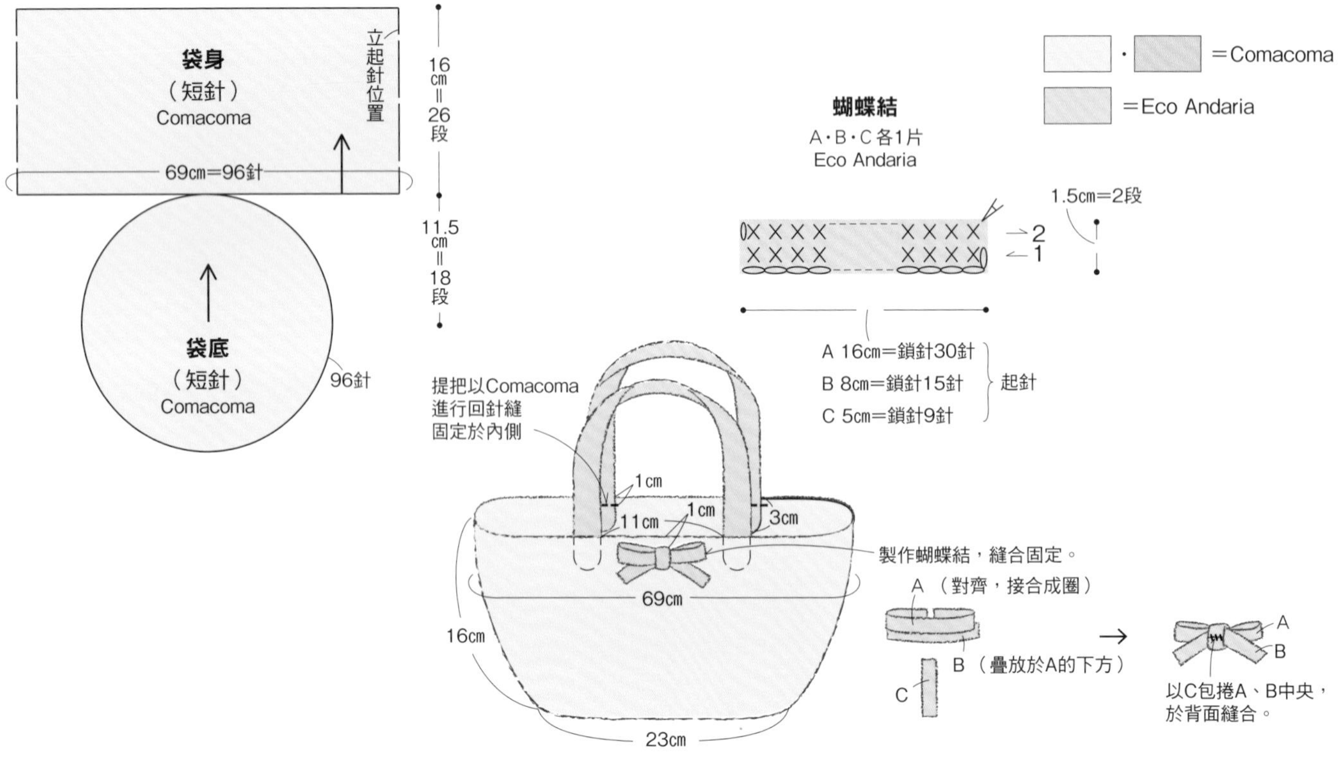

袋身（短針）Comacoma
立起針位置
69㎝=96針
16㎝=26段
11.5㎝=18段
袋底（短針）Comacoma
96針

□・□＝Comacoma
□＝Eco Andaria

蝴蝶結
A・B・C各1片
Eco Andaria
1.5㎝=2段
A 16㎝=鎖針30針
B 8㎝=鎖針15針
C 5㎝=鎖針9針
起針

提把以Comacoma進行回針縫固定於內側
1㎝
11㎝
1㎝
3㎝
69㎝
16㎝
23㎝
製作蝴蝶結，縫合固定。
A（對齊，接合成圈）
B（疊放於A的下方）
C
以C包捲A、B中央，於背面縫合。

● 引拔針的織法 ※為了更清晰易懂，因此改以不同色線示範。

① 鉤織至第25段，鉤針穿入第24段的針頭。

② 鉤針掛線，引拔織線。

③ 完成1針引拔針。接著，繼續在每1針鉤織引拔針。

④ 為使針目大小一致，請注意拉線時的力道，鉤織一圈引拔針後，最後以鎖針接縫（參照P.44）接合鉤織起點，接著收針藏線。

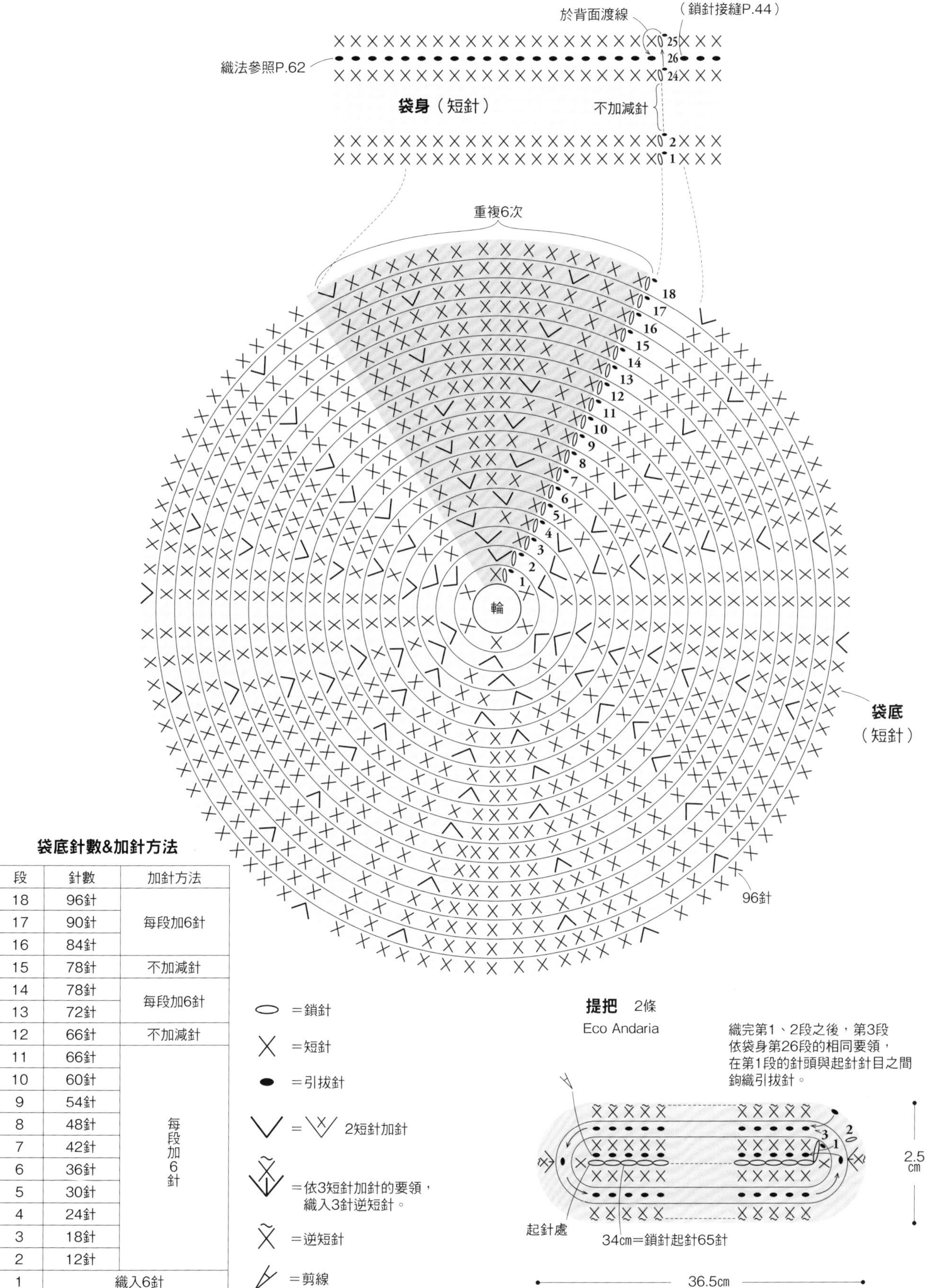
於背面渡線
（鎖針接縫P.44）
織法參照P.62
25
26
24
袋身（短針）
不加減針
2
1
重複6次
18
17
16
15
14
13
12
11
10
9
8
7
6
5
4
3
2
1
輪
袋底
（短針）
96針
＝鎖針
＝短針
＝引拔針
2短針加針
＝依3短針加針的要領，
織入3針逆短針。
＝逆短針
＝剪線
提把 2條
Eco Andaria
織完第1、2段之後，第3段
依袋身第26段的相同要領，
在第1段的針頭與起針針目之間
鉤織引拔針。
3
2
1
2.5cm
起針處
34cm＝鎖針起針65針
36.5cm

袋底針數&加針方法

段	針數	加針方法
18	96針	每段加6針
17	90針	
16	84針	
15	78針	不加減針
14	78針	每段加6針
13	72針	
12	66針	不加減針
11	66針	每段加6針
10	60針	
9	54針	
8	48針	
7	42針	
6	36針	
5	30針	
4	24針	
3	18針	
2	12針	
1	織入6針	

雙線混織提袋 作品P.21

◎**準備工具**

線材 Hamanaka Comacoma（40g／球）
a.海軍藍（11）… 170g　白色（1）… 120g
b.粉紅色（17）… 170g　白色（1）… 120g
Hamanaka pict curl（25g／球）
a.水藍色（2）… 22g
b.粉紅色（3）… 22g

針具 Hamanaka Ami Ami 樂樂雙頭鉤針8/0號

密度 短針（袋底＆袋身）　13針＝10cm　13段＝9cm

尺寸 參照示意圖

◎**織法**　織線依指定配色、線數進行鉤織。

❶袋底為鎖針起針20針，依織圖進行輪編的短針加針。

❷接續鉤織袋身，一邊注意編織方向，一邊進行短針、花樣編的加針，鉤至緣編為止。

❸提把為鎖針起針5針，以往復編鉤織短針。完成後再以相同方式鉤織另1條。依指定將提把中段對摺，進行捲針縫。

❹將提把縫合於袋身內側。

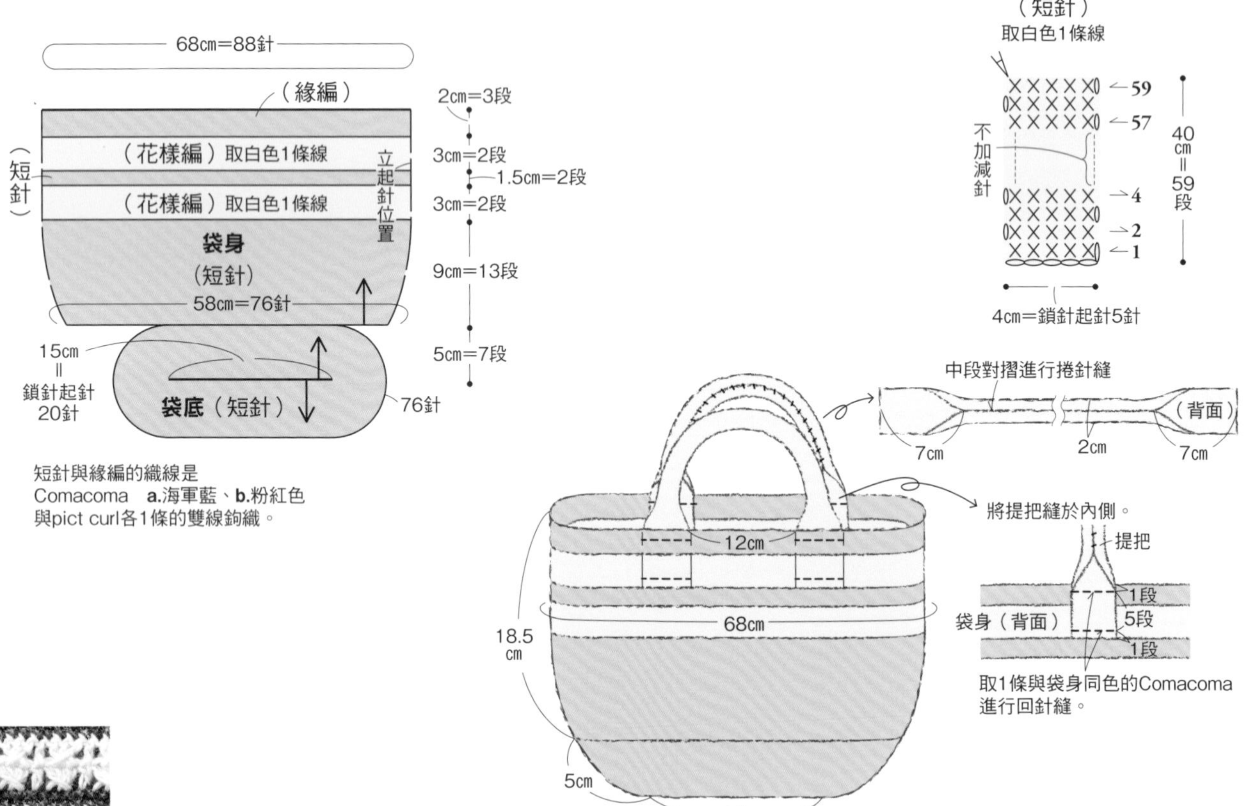

68cm=88針
（緣編）
2cm=3段
（花樣編）取白色1條線
（短針）
立起針位置
3cm=2段
1.5cm=2段
（花樣編）取白色1條線
3cm=2段
袋身
（短針）
9cm=13段
58cm=76針
15cm
=
鎖針起針
20針
5cm=7段
袋底（短針）
76針
短針與緣編的織線是
Comacoma　a.海軍藍、b.粉紅色
與pict curl各1條的雙線鉤織。
提把　2條
（短針）
取白色1條線
59
57
不加減針
4
2
1
40cm
=
59段
4cm=鎖針起針5針
中段對摺進行捲針縫
（背面）
7cm
2cm
7cm
將提把縫於內側。
提把
12cm
1段
袋身（背面）
5段
1段
68cm
18.5cm
取1條與袋身同色的Comacoma
進行回針縫。
5cm
15cm

交叉長針的織法

① 鉤織立起針的鎖針3針，跳過1針之後，如圖示鉤織2針長針。鉤針掛線，穿入剛才跳過不鉤的第1針。

② 鉤織長針。

③ 完成交叉長針。

④ 鉤織1針長針，依步驟①、②的要領，繼續鉤織。

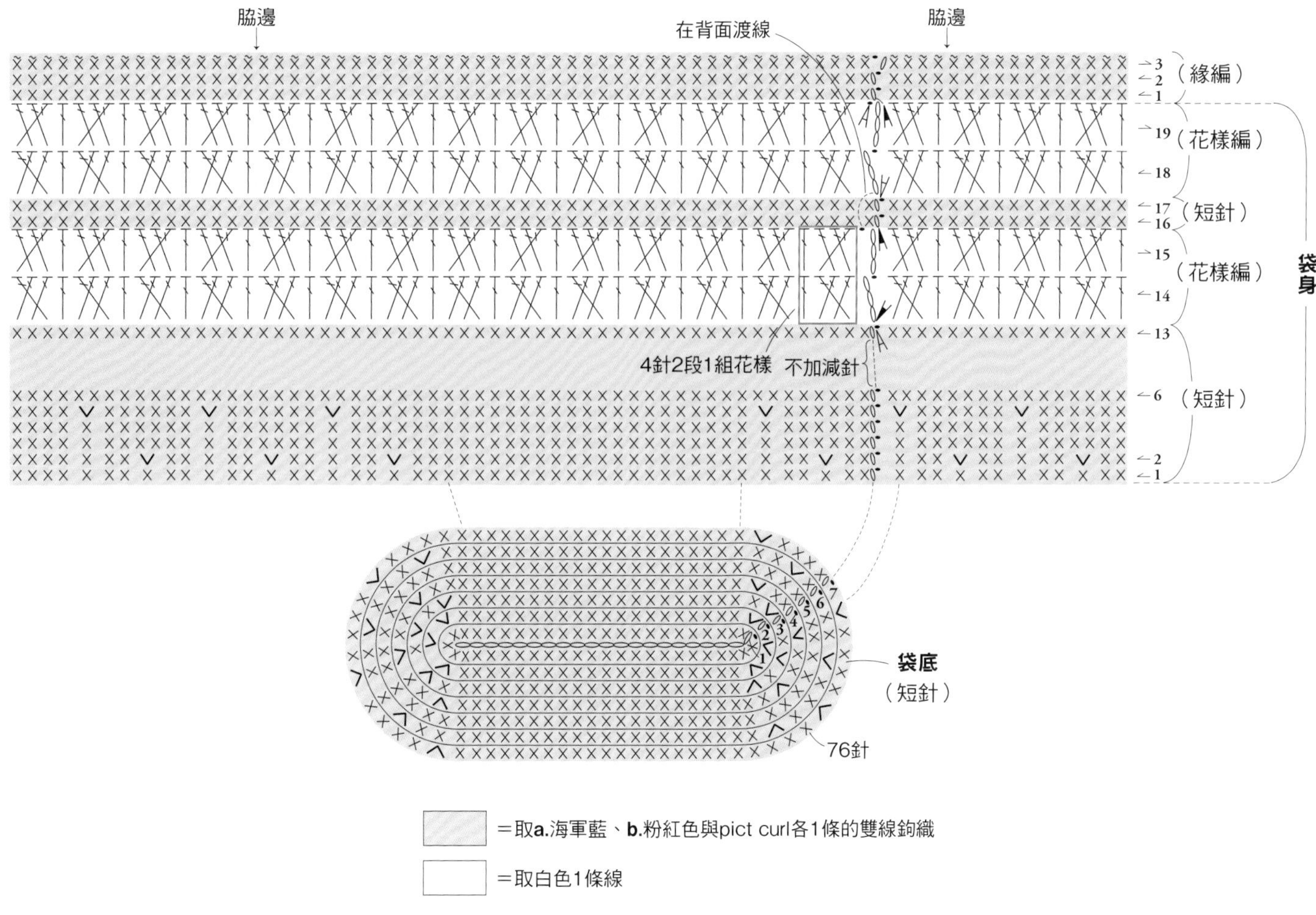
脇邊
在背面渡線
脇邊
（緣編）
（花樣編）
（短針）
（花樣編）
（短針）
袋身
4針2段1組花樣
不加減針
袋底
（短針）
76針
＝取a.海軍藍、b.粉紅色與pict curl各1條的雙線鉤織
＝取白色1條線

袋底・袋身・緣編的針數&加針方法

	段	針數	加針方法
緣編	1～3	88針	不加減針
袋身	18、19	88針（22組花樣）	
	16、17	88針	
	14、15	88針（22組花樣）	
	6～13	88針	
	5	88針	加6針
	3、4	82針	不加減針
	2	82針	加6針
	1	76針	不加減針
袋底	7	76針	每段加6針
	6	70針	
	5	64針	不加減針
	4	64針	每段加6針
	3	58針	
	2	52針	
	1	沿鎖針兩側挑46針	

＝鎖針

＝短針

＝引拔針

＝ 2短針加針

＝長針

＝接線

＝剪線

＝交叉長針（參照P.64）

＝看著織片背面鉤織的交叉長針（織法與 相同）

＝逆短針

L 螺旋花樣網袋 作品P.22・P.23

◎**準備工具**

線材 Hamanaka Comacoma（40g／球）
a. 灰色（13）⋯170g
b. 苔蘚綠（9）⋯170g
c. 粉紅色（17）⋯170g

針具 Hamanaka Ami Ami 樂樂雙頭鉤針8/0號

密度 花樣編　1組花樣（3山）＝9.5cm　6段＝10cm

尺寸 參照示意圖

◎**織法**　取1條織線進行鉤織。

❶繞線作輪狀起針，織入6針短針。

❷第2段開始依織圖進行短針與花樣編的加針，鉤織袋底與袋身。

❸接續以短針鉤織袋口與提把，在第3段的指定處鉤40針鎖針，製作提把。

❹沿提把內側鉤織引拔針。

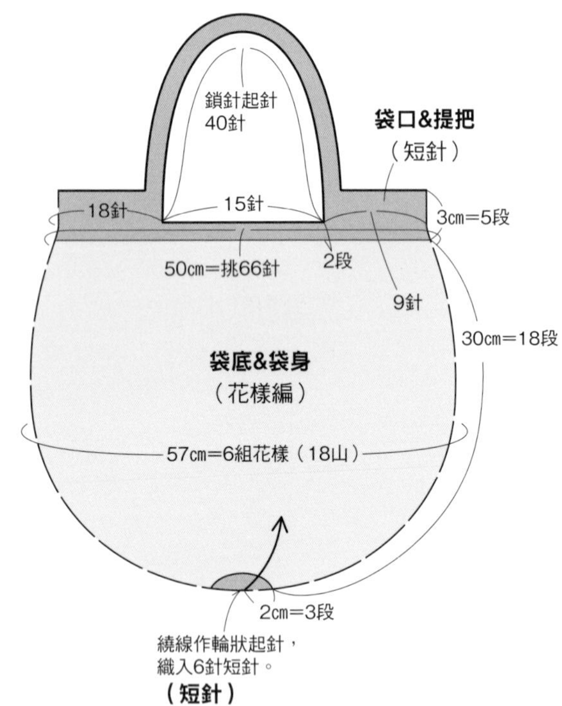
鎖針起針
40針
袋口&提把
（短針）
18針
15針
3cm=5段
50cm=挑66針
2段
9針
30cm=18段
袋底&袋身
（花樣編）
57cm=6組花樣（18山）
2cm=3段
繞線作輪狀起針，
織入6針短針。
（短針）

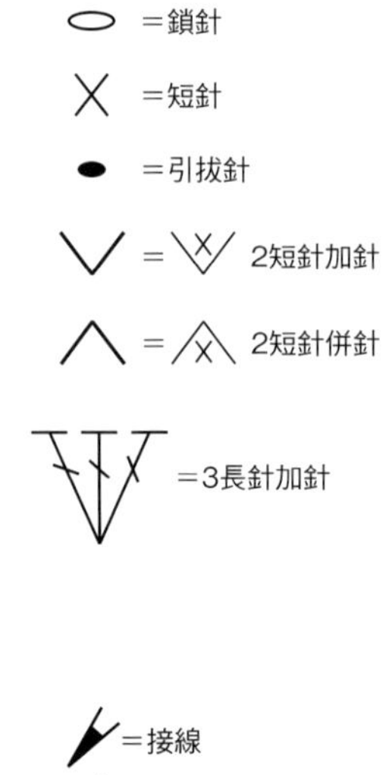
＝鎖針
＝短針
＝引拔針
＝ 2短針加針
＝ 2短針併針
＝3長針加針
＝接線
＝剪線

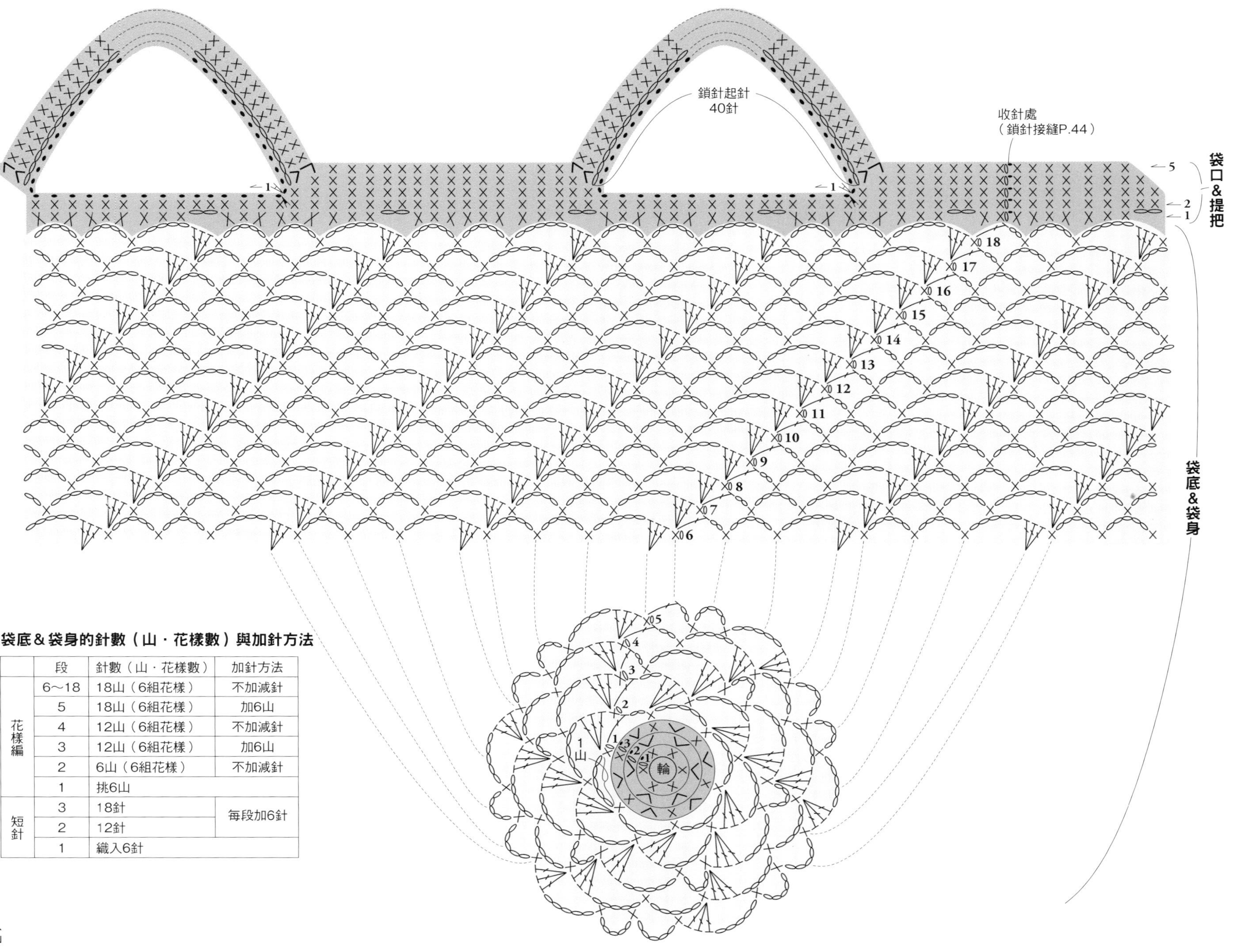

鎖針起針
40針
收針處
（鎖針接縫P.44）
袋口&提把
袋底&袋身

袋底＆袋身的針數（山・花樣數）與加針方法

	段	針數（山・花樣數）	加針方法
花樣編	6～18	18山（6組花樣）	不加減針
	5	18山（6組花樣）	加6山
	4	12山（6組花樣）	不加減針
	3	12山（6組花樣）	加6山
	2	6山（6組花樣）	不加減針
	1	挑6山	
短針	3	18針	每段加6針
	2	12針	
	1	織入6針	

長方托特包 作品 P.24

◎**準備工具**

線材　Hamanaka Comacoma（40g／球）
杏色（2）…300g　黑色（12）…75g

針具　Hamanaka Ami Ami 樂樂雙頭鉤針8/0號

密度　短針（袋底）　13.5針16段＝10cm正方形
短針（袋身）　14針15段＝10cm正方形

尺寸　參照示意圖

◎**織法**　取1條織線，依指定配色鉤織。

❶袋底為鎖針起針36針，以往復編鉤織19段短針。

❷接續鉤織袋身，沿袋底四周挑針，一邊以輪編鉤織26段短針，一邊依織圖更換色線，完成後暫休針。

❸鉤織袋口，在指定處接線，依織圖進行短針的減針，為使編織方向保持一致，因此每段皆剪線。第6段則是在鉤織終點接續鉤30針鎖針，並且在第6段的鉤織起點鉤引拔固定，剪線。

❹以袋身暫休針的織線，接續鉤織提把。

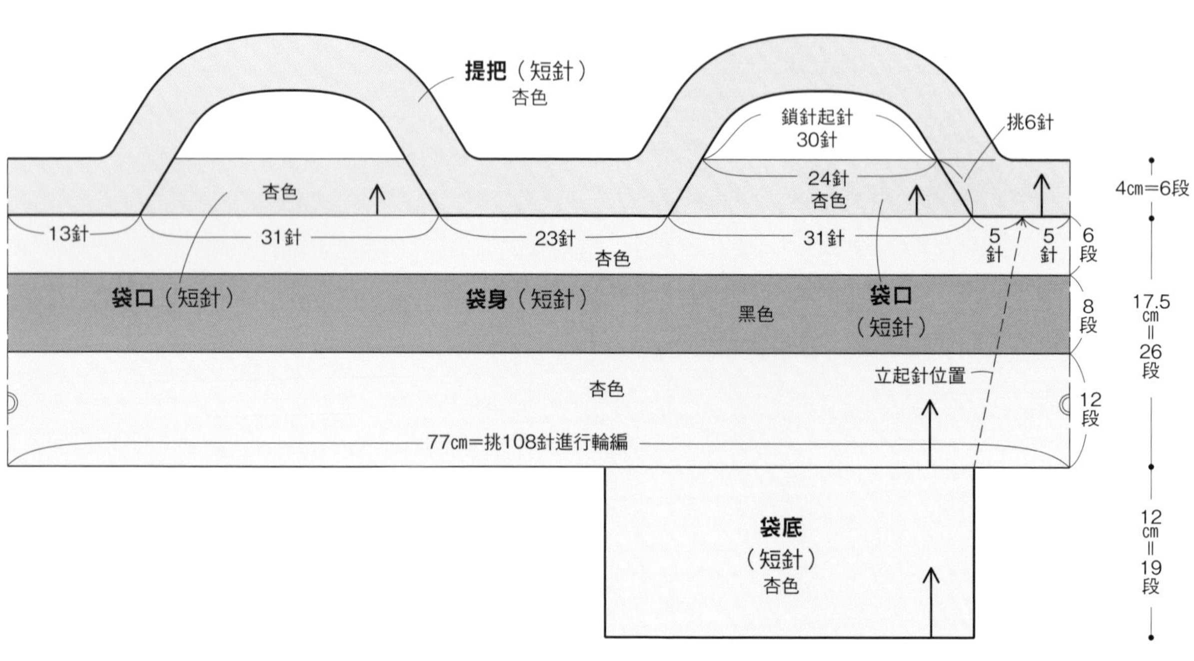

提把（短針）
杏色
鎖針起針
30針
挑6針
24針
杏色
杏色
4cm=6段
13針
31針
23針
31針
5針
5針
6段
杏色
袋口（短針）
袋身（短針）
黑色
袋口
（短針）
8段
17.5cm=26段
杏色
立起針位置
12段
77cm=挑108針進行輪編
袋底
（短針）
杏色
12cm=19段
26.5cm=鎖針起針36針

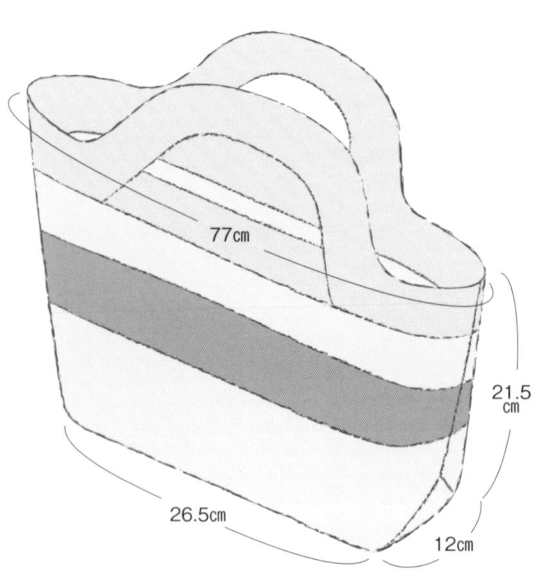

77cm
21.5cm
26.5cm
12cm

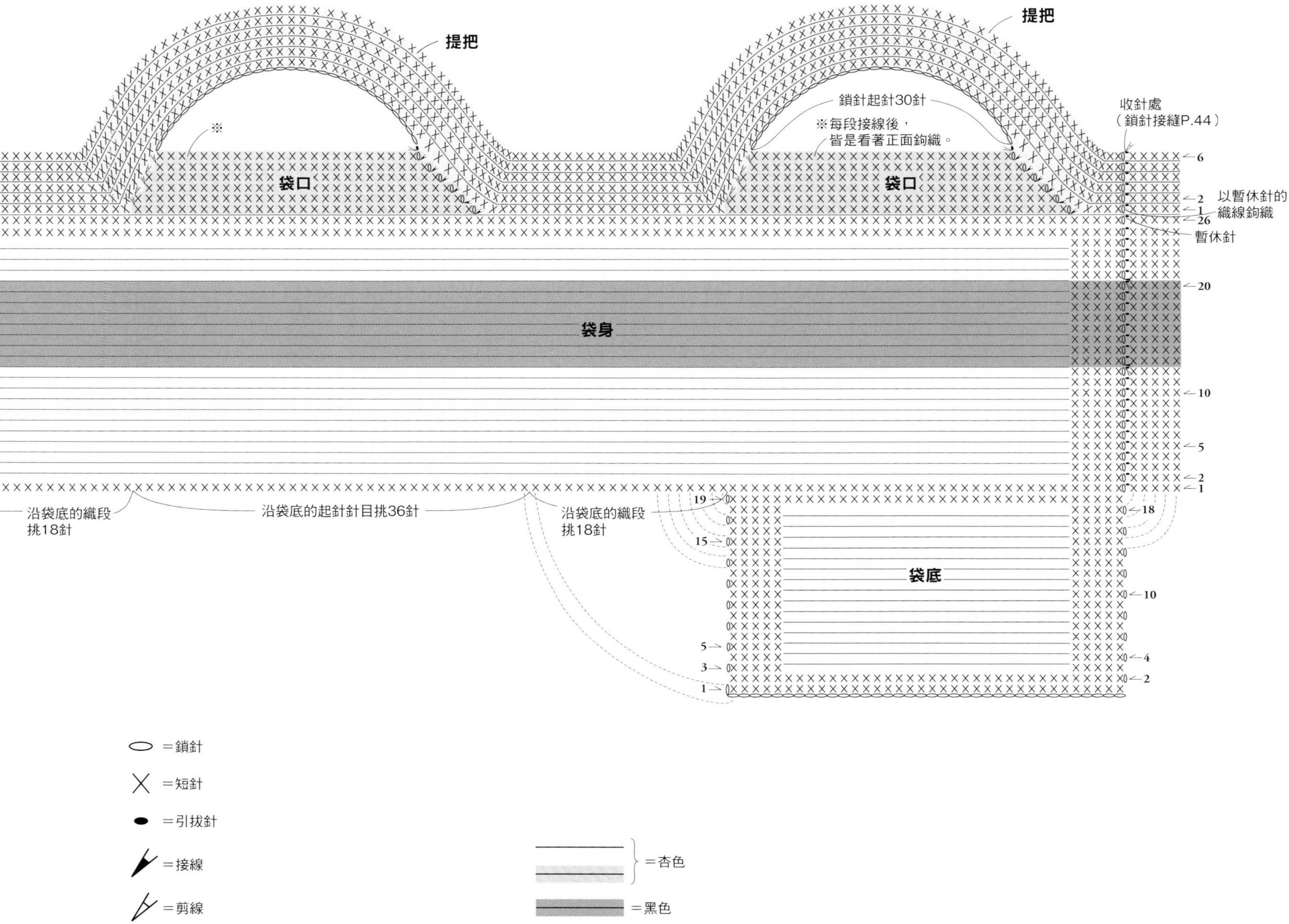

提把
提把
鎖針起針30針
※每段接線後，
皆是看著正面鉤織。
收針處
（鎖針接縫P.44）
以暫休針的
織線鉤織
暫休針
※
袋口
袋口
袋身
沿袋底的織段
挑18針
沿袋底的起針針目挑36針
沿袋底的織段
挑18針
袋底
=鎖針
=短針
=引拔針
=接線
=剪線
=杏色
=黑色

麻＆異素材的方形手提袋 作品P.25

◎準備工具

線材 Hamanaka Comacoma（40g／球）
a.白色（1）… 110g
b.杏色（2）… 110g
Hamanaka Bonny（50g／球）
a.黑色（402）… 75g
b.焦茶色（419）… 75g

針具 Hamanaka Ami Ami 樂樂雙頭鉤針8/0號

密度 短針（Bonny） 13針＝10cm 8段＝5cm
短針的筋編 13針＝10cm 13段＝9.5cm

尺寸 參照示意圖

◎織法 取1條指定的織線進行鉤織。

❶袋底為鎖針起針22針，依織圖以輪編進行短針的加針。

❷接續鉤織袋身，不加減針鉤織短針與短針筋編的條紋花樣。

❸完成袋身後，接續以短針的筋編與鎖針鉤織1段提把，再繼續鉤至袋口的緣編。

❹在提把〈內側〉鉤織1段短針。

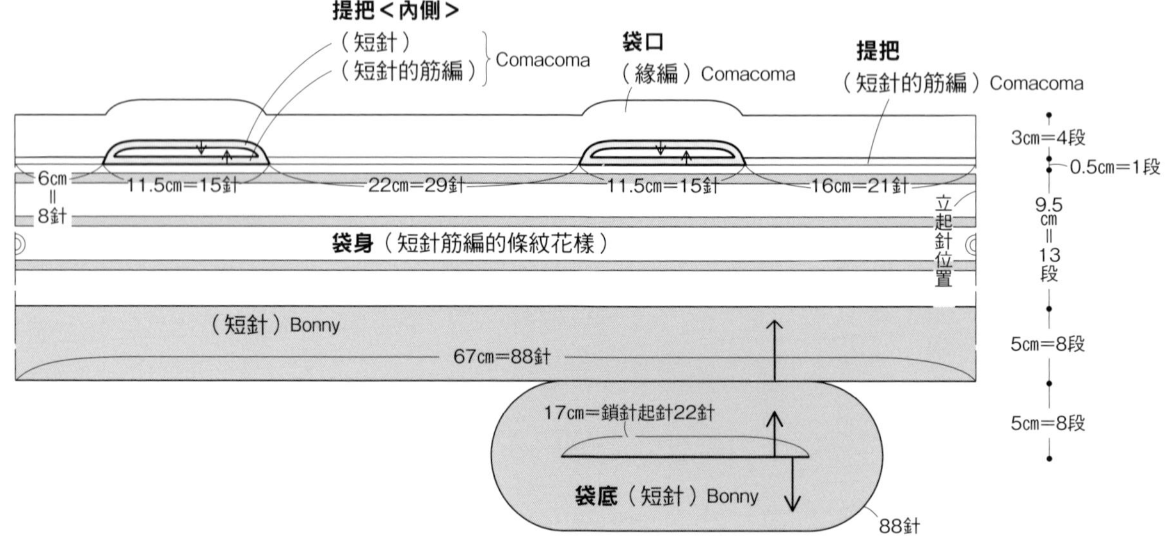

提把<內側>
（短針）
（短針的筋編）
Comacoma
袋口
（緣編）Comacoma
提把
（短針的筋編）Comacoma
3cm=4段
0.5cm=1段
6cm = 8針
11.5cm=15針
22cm=29針
11.5cm=15針
16cm=21針
立起針位置
袋身（短針筋編的條紋花樣）
9.5cm = 13段
（短針）Bonny
67cm=88針
5cm=8段
17cm=鎖針起針22針
袋底（短針）Bonny
88針
5cm=8段

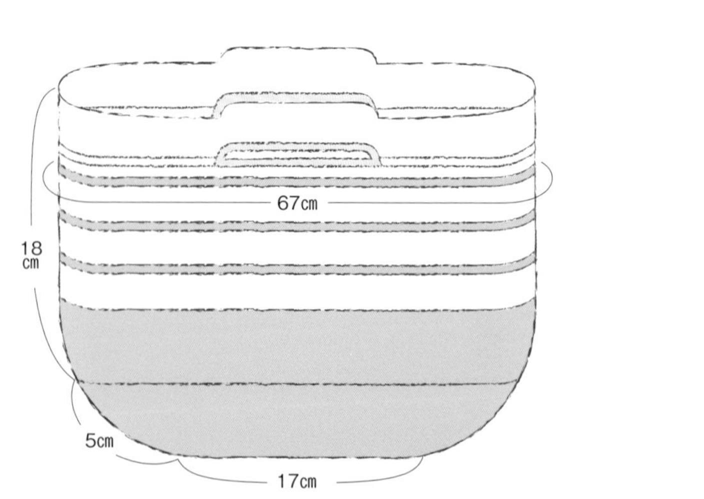

67cm
18cm
5cm
17cm

=鎖針
=短針
=短針的筋編
=逆短針
=引拔針
= 2短針加針
=接線
=剪線
=Bonny
=Comacoma

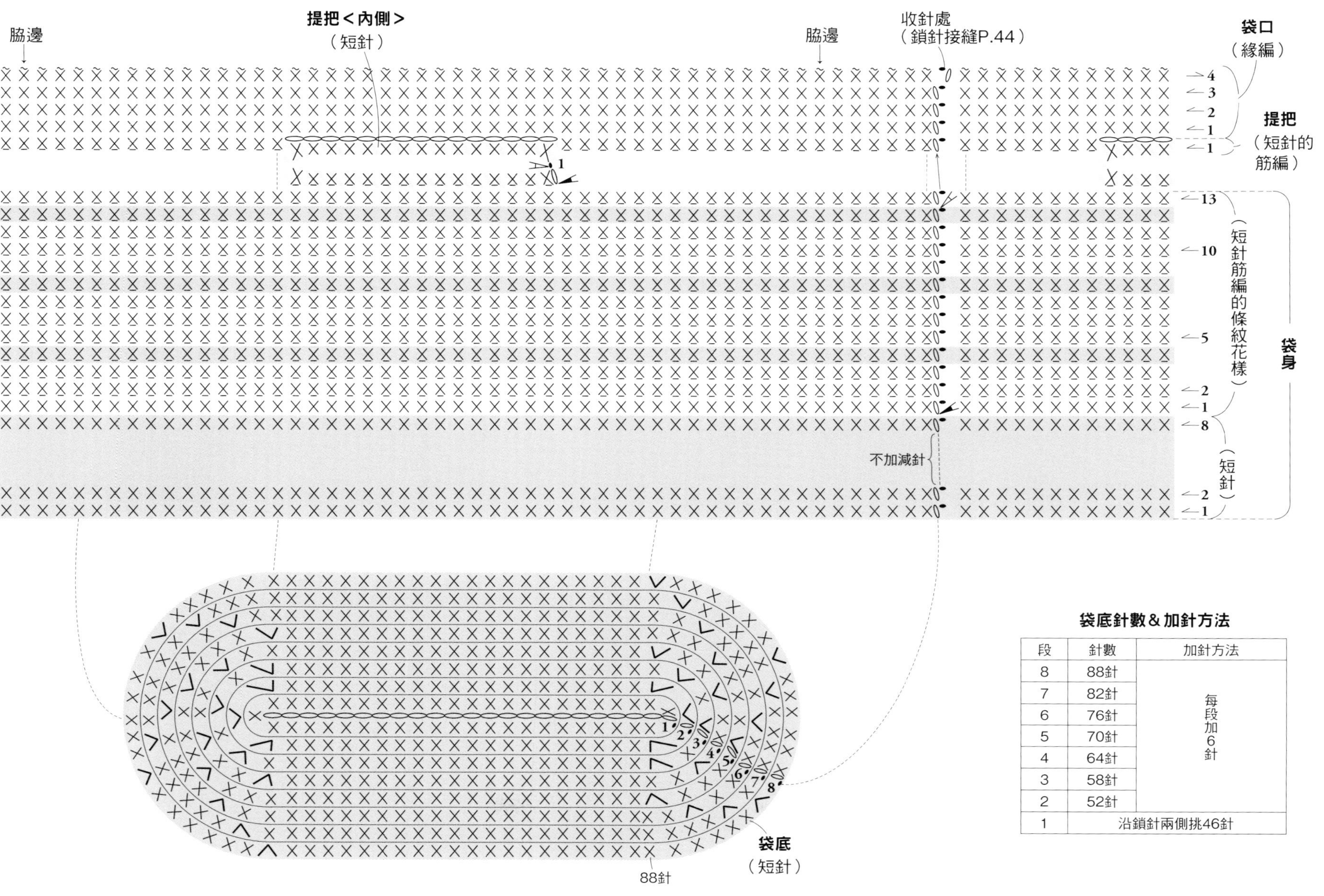

提把＜內側＞
（短針）
脇邊
脇邊
收針處
（鎖針接縫P.44）
袋口
（緣編）
提把
（短針的筋編）
袋身
（短針筋編的條紋花樣）
（短針）
不加減針
袋底
（短針）
88針

袋底針數＆加針方法

段	針數	加針方法
8	88針	每段加6針
7	82針	
6	76針	
5	70針	
4	64針	
3	58針	
2	52針	
1	沿鎖針兩側挑46針	

結合皮革袋底的條紋托特包 作品P.26・P.27

◎**準備工具**

線材 Hamanaka Comacoma（40g／球）
a.杏色（2）… 235g　紅色（7）… 135g
b.可可亞棕（15）… 235g　黑色（12）… 135g

針具 Hamanaka Ami Ami 樂樂雙頭鉤針8/0號

其他 Hamanaka 長方皮革袋底　15×30cm
a.杏色（H204-617-1）、
b.焦茶色（H204-617-2）各1片

密度 短針　12針14段＝10cm正方形

尺寸 參照示意圖

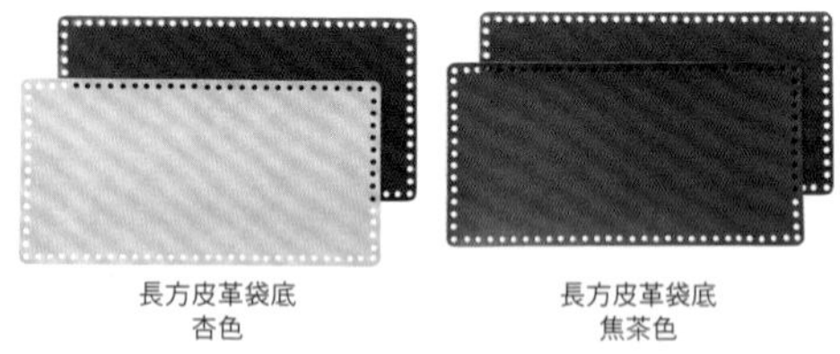

長方皮革袋底 杏色　長方皮革袋底 焦茶色

（※黑色為補強用底板。可疊放於內側，一併挑針鉤織。）

◎**織法**　取1條織線，依指定配色鉤織。

❶袋底是在皮革袋底的86個洞孔中，接續鉤織112針短針。

❷袋身為鎖針起針28針，以不加減針的往復編鉤織短針，完成後剪線。將起針針目與收針段對齊，以捲針縫接合成筒狀。

❸以捲針縫接合袋底與袋身。

❹在指定處接線，挑針鉤織提把。以不加減針的往復編鉤織短針，收針段以捲針縫接合於袋身。

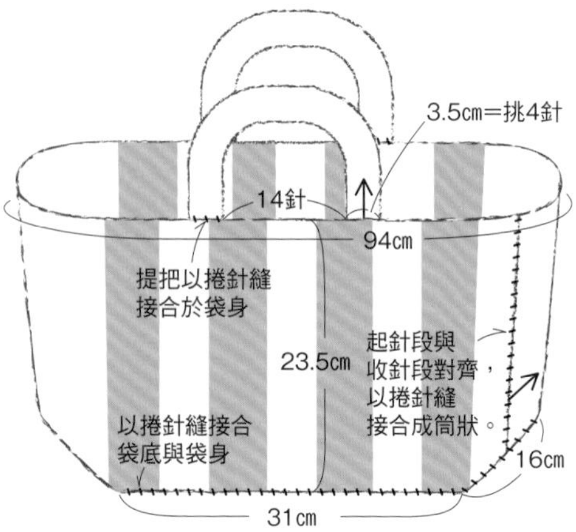

3.5cm＝挑4針
14針
94cm
提把以捲針縫接合於袋身
23.5cm
起針段與收針段對齊，以捲針縫接合成筒狀。
以捲針縫接合袋底與袋身
16cm
31cm

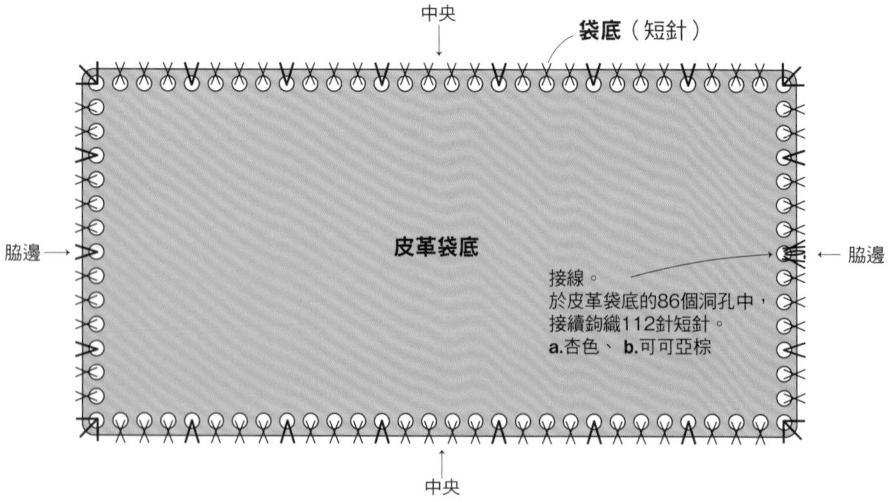

中央
袋底（短針）
脇邊
皮革袋底
接線。
於皮革袋底的86個洞孔中，接續鉤織112針短針。
a.杏色、 **b.**可可亞棕
中央

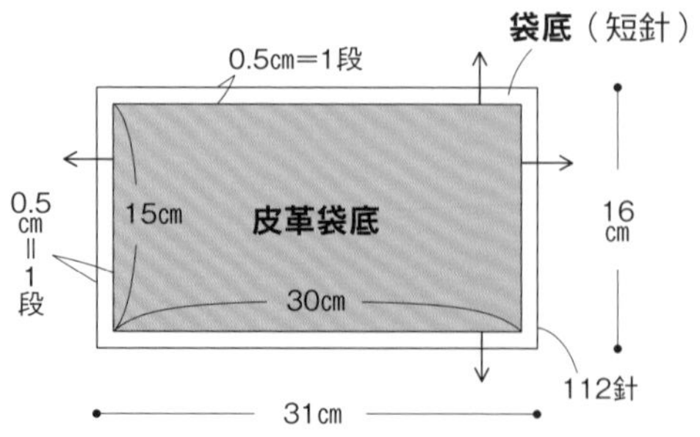

袋底（短針）
0.5cm＝1段
0.5cm＝1段
15cm
皮革袋底
30cm
16cm
112針
31cm

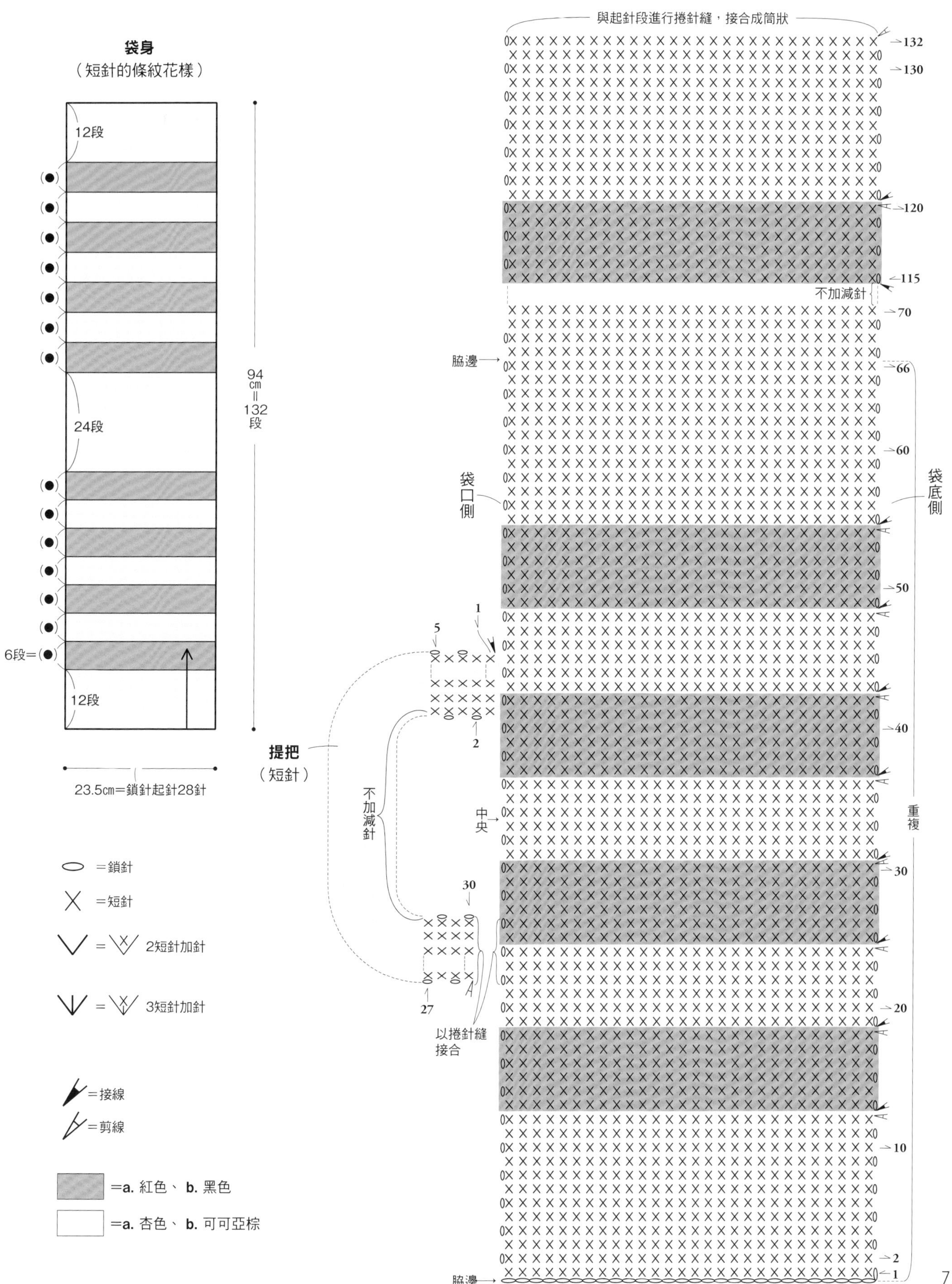

袋身
（短針的條紋花樣）
12段
24段
6段=(●)
12段
94cm=132段
23.5cm=鎖針起針28針
提把
（短針）
不加減針
以捲針縫接合
與起針段進行捲針縫，接合成筒狀
不加減針
脇邊
袋口側
袋底側
中央
重複
脇邊
=鎖針
=短針
=2短針加針
=3短針加針
=接線
=剪線
=a. 紅色、 b. 黑色
=a. 杏色、 b. 可可亞棕

P 引上編花樣雙色提袋 作品P.28・P.29

◎準備工具

線材 Hamanaka Comacoma（40g／球）
a.白色（1）… 230g 灰色（13）… 170g
b.白色（1）… 230g 鈷藍色（16）… 170g
c.白色（1）… 230g 紅色（7）… 170g

針具 Hamanaka Ami Ami 樂樂雙頭鉤針8/0號

密度 花樣編 13.5針12段＝10cm正方形

尺寸 參照示意圖

◎織法 取1條織線，依指定配色鉤織。

❶袋底為鎖針起針36針，依織圖以輪編進行短針的加針。

❷接續以輪編的花樣編鉤織袋身。改換色線時不剪線，直接於背面渡線。

❸於指定處織入21針鎖針，作出提把開口，繼續鉤織提把。

❹沿袋口鉤織1段短針。

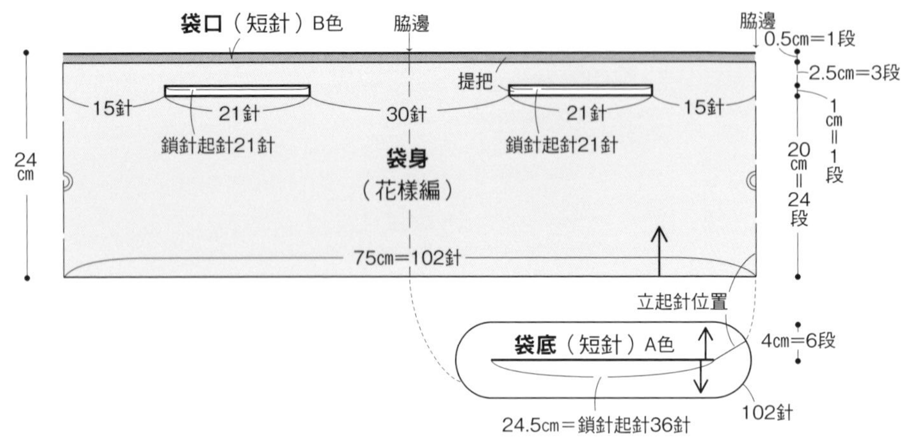

袋口（短針）B色
脇邊
脇邊
0.5cm=1段
2.5cm=3段
提把
15針
21針
30針
21針
15針
鎖針起針21針
鎖針起針21針
1cm=1段
24cm
袋身
（花樣編）
20cm=24段
75cm=102針
立起針位置
袋底（短針）A色
4cm=6段
102針
24.5cm＝鎖針起針36針

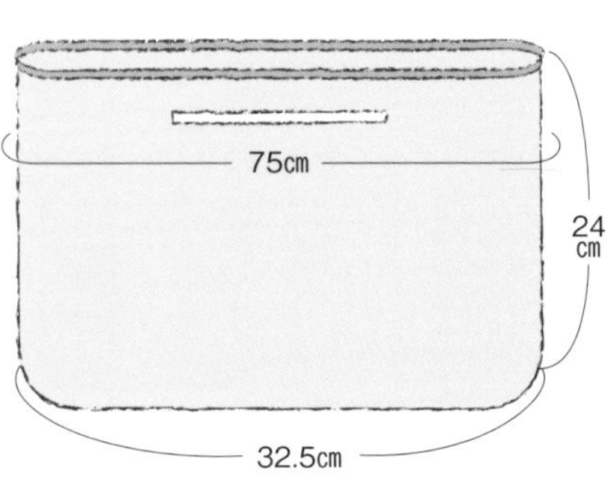

75cm
24cm
32.5cm

表引長針的織法

① 鉤針掛線，依箭頭指示，由正面橫向穿入前段長針的針腳。袋身第3段則是挑第1段的短針針腳。

② 鉤針掛線，依箭頭指示鉤出稍長的織線。

③ 依鉤織長針的相同要領鉤織。

④ 完成表引長針。

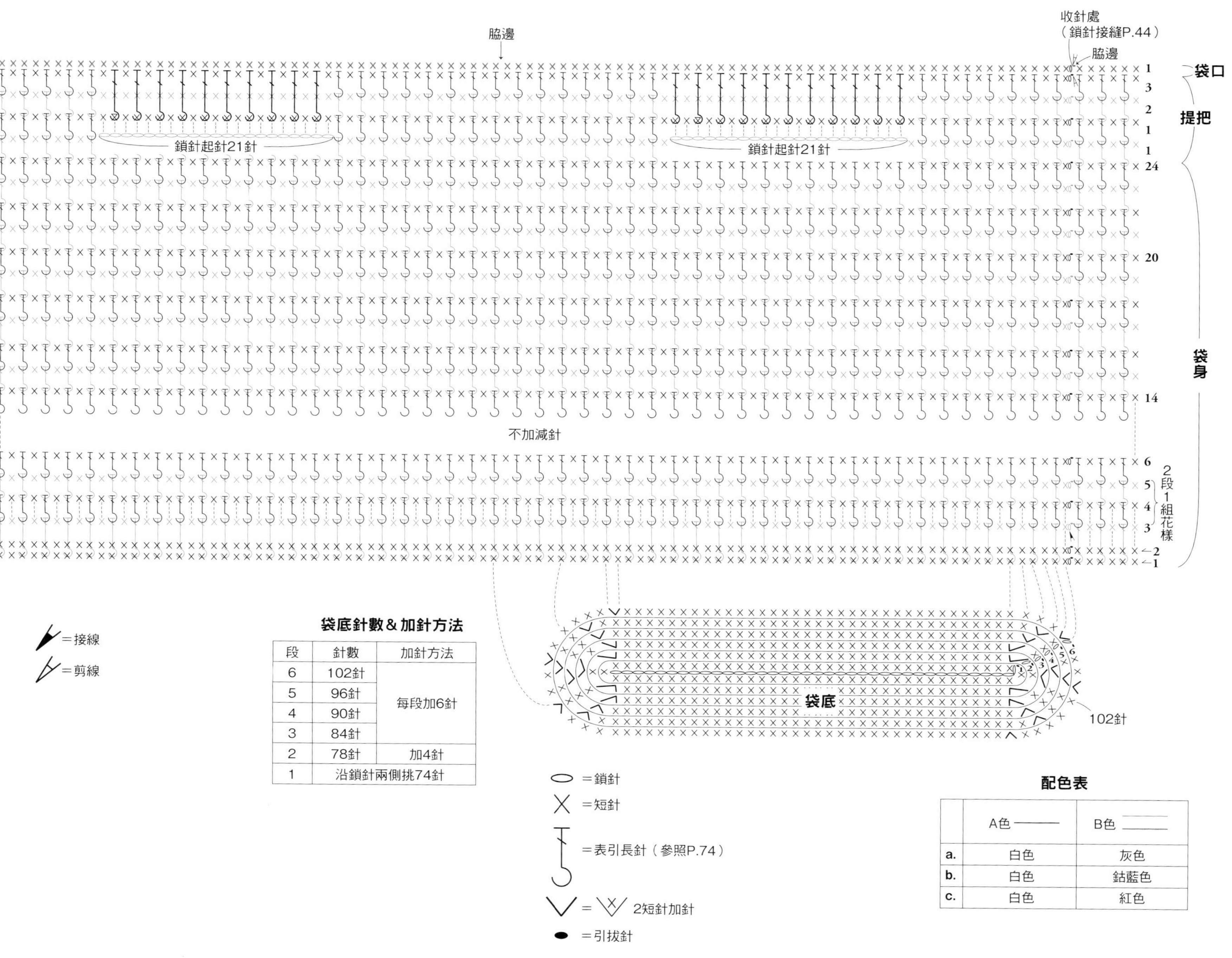

脇邊
收針處
（鎖針接縫P.44）
脇邊
袋口
提把
袋身
鎖針起針21針
鎖針起針21針
不加減針
2段1組花樣
袋底
102針
=接線
=剪線
=鎖針
=短針
=表引長針（參照P.74）
= 2短針加針
=引拔針

袋底針數＆加針方法

段	針數	加針方法
6	102針	每段加6針
5	96針	
4	90針	
3	84針	
2	78針	加4針
1	沿鎖針兩側挑74針	

配色表

	A色	B色
a.	白色	灰色
b.	白色	鈷藍色
c.	白色	紅色

兩用隨身袋 作品P.30

◎準備工具

線材 Hamanaka Comacoma（40g／球）
海軍藍（11）… 330g

針具 Hamanaka Ami Ami 樂樂雙頭鉤針8/0號

其他 Hamanaka 手縫式磁釦　金色（H206-049-1）1組
直徑1.5cm鈕釦1顆

密度 花樣編　13.5針＝10cm　1組花樣（4段）＝4cm

尺寸 參照示意圖

◎織法 取1條織線進行鉤織。

❶鎖針起針44針，開始鉤織袋底，沿針目兩側鉤織90針短針。
❷接續以輪編鉤織袋身的花樣編。
❸再繼續以往復編鉤織袋蓋的花樣編。
❹於指定處鉤織穿入背帶的吊耳。
❺鉤織背帶，穿過吊耳，以鈕釦固定成環狀。
❻在袋身與袋蓋裡側接縫磁釦。

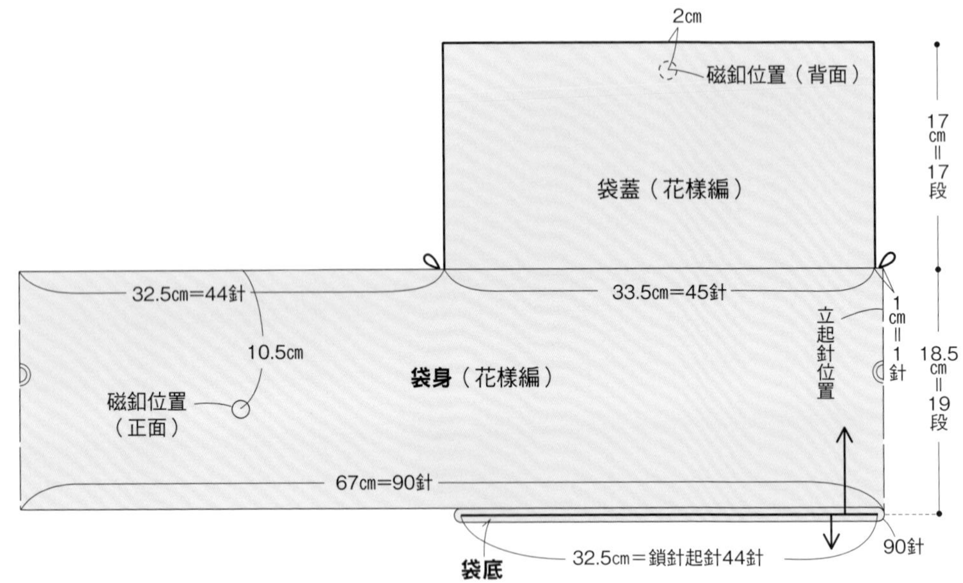
2cm
磁釦位置（背面）
袋蓋（花樣編）
17cm＝17段
32.5cm＝44針
33.5cm＝45針
10.5cm
袋身（花樣編）
立起針位置
1cm＝1針
18.5cm＝19段
磁釦位置（正面）
67cm＝90針
90針
袋底
32.5cm＝鎖針起針44針

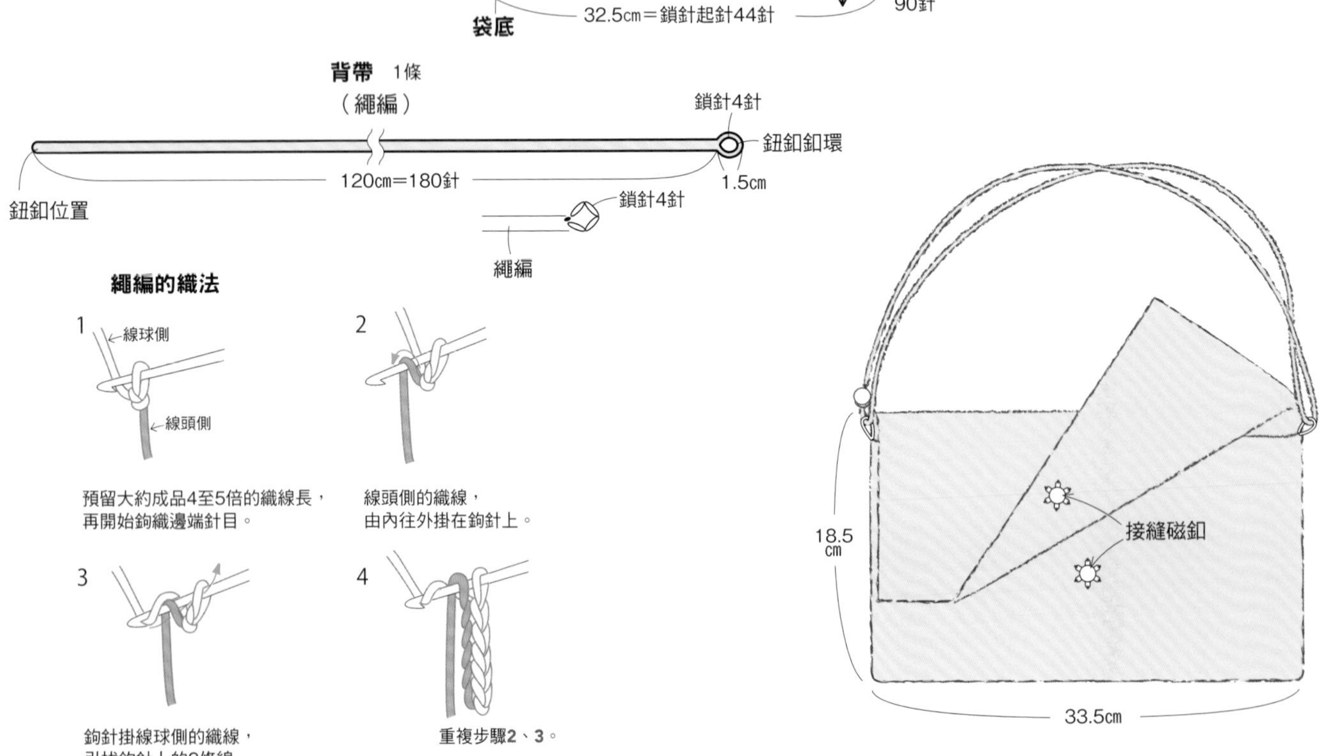
背帶 1條
（繩編）
鎖針4針
鈕釦釦環
120cm＝180針
1.5cm
鈕釦位置
鎖針4針
繩編
繩編的織法
1
線球側
線頭側
預留大約成品4至5倍的織線長，
再開始鉤織邊端針目。
2
線頭側的織線，
由內往外掛在鉤針上。
3
鉤針掛線球側的織線，
引拔鉤針上的2條線。
至此完成1針。
4
重複步驟2、3。
18.5cm
接縫磁釦
33.5cm

收針處

17
16
15
14

袋蓋

不加減針

5
4
3
2
1

背帶吊耳

19
15

袋身

8

4段1組花樣

5
3
2

1

袋底

90針

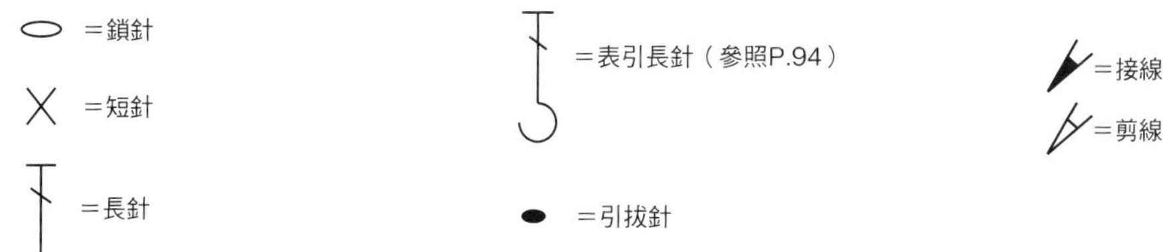

＝鎖針
＝短針
＝長針
＝表引長針（參照P.94）
＝引拔針
＝接線
＝剪線

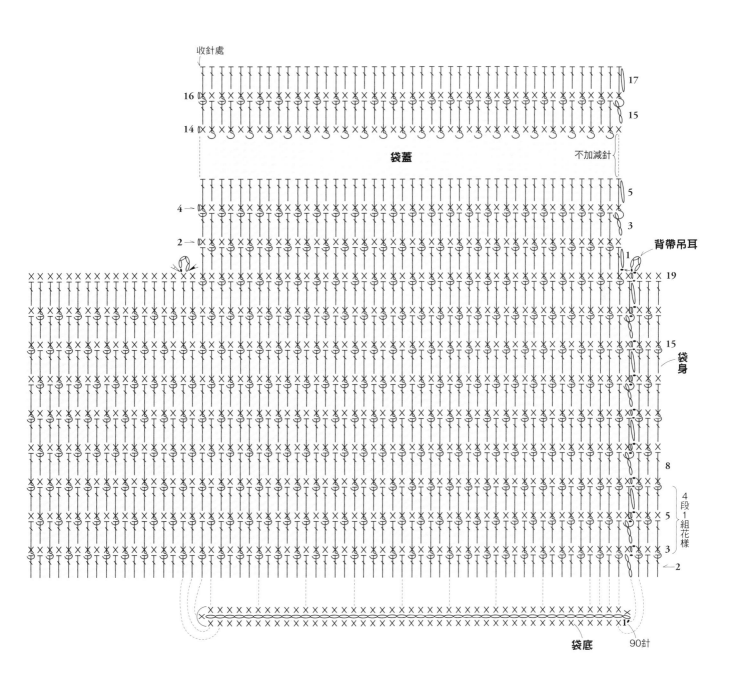

花樣飾帶手拿包 作品P.31

◎**準備工具**

線材　Hamanaka Comacoma（40g／球）
a. 海軍藍（11）…360g　灰色（13）…25g
b. 灰色（13）…360g　海軍藍（11）…25g

針具　Hamanaka Ami Ami 樂樂雙頭鉤針8/0號

密度　短針、花樣編①　13針16段＝10cm正方形

尺寸　參照示意圖

◎**織法**　取1條織線，依指定配色鉤織。

❶鎖針起針38針，開始鉤織袋蓋、後袋身、前袋身，以不加減針的往復編鉤織花樣編①，完成後暫休針。

❷鎖針起針2針，開始鉤織側幅，依織圖進行短針的加針。

❸鎖針起針4針，以不加減針花樣編②鉤織飾帶。

❹以步驟❶暫休針的織線接續鉤織一圈緣編，並且將前袋身、後袋身、側幅與飾帶疊放後，一併挑針鉤織接合。

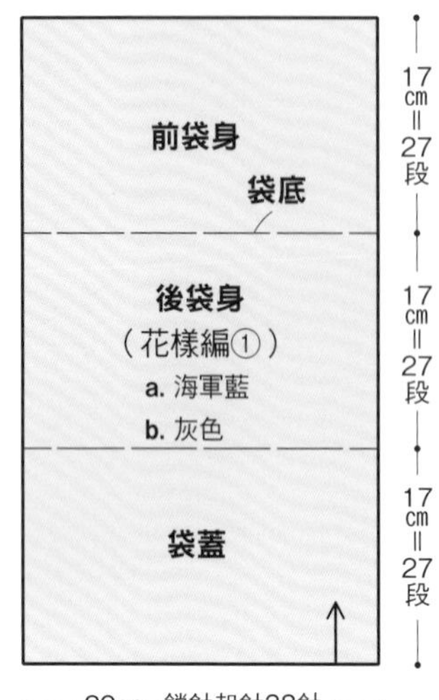

前袋身
袋底
後袋身
（花樣編①）
a. 海軍藍
b. 灰色
袋蓋
17cm＝27段
17cm＝27段
17cm＝27段
29cm＝鎖針起針38針

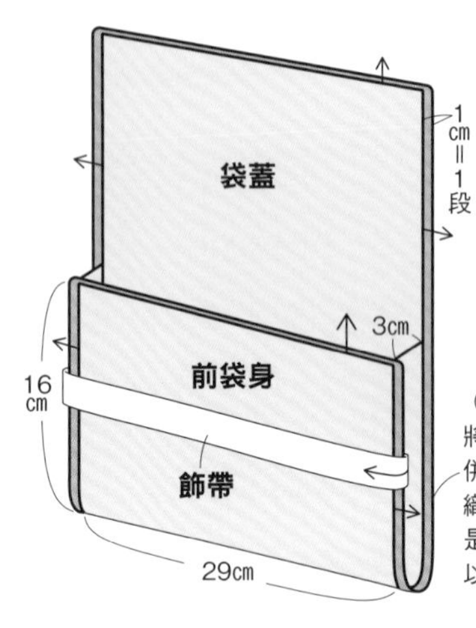

袋蓋
1cm＝1段
3cm
前袋身
16cm
飾帶
29cm
（緣編）
將袋身與側幅背面相對疊放，
併縫鉤織至袋蓋。
織圖的★記號處，
是在袋身與側幅之間夾入飾帶，
以引拔針一併鉤織，接合3片。

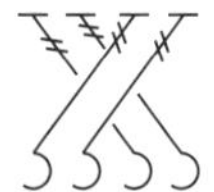

變化交叉表引長長針的織法

※為了更清晰易懂，因此改以不同色線示範。

①鉤織立起針的鎖針2針，跳過2針不織，於第3、第4針鉤織長針。鉤針掛線，依箭頭指示從長針的背面挑第1針，鉤織長針。

②依相同要領，從步驟①的長針背面挑第2針，鉤織長針。

③完成第1段的交叉長針。

④鉤織立起針的鎖針2針後，翻至背面。由於第2段是看著織片背面鉤織，因此實際上是鉤織4針裡引長針。

⑤第3段是鉤織立起針的鎖針2針後，翻至正面，依表引長針的要領，挑前段第3針的針腳，鉤織表引長長針。

⑥以相同要領鉤織第4針，從針目背面依序挑第1、第2針，鉤織表引長長針。

⑦完成在第1、第2針上重疊針目的交叉模樣。

⑧鉤織至第5段的模樣。

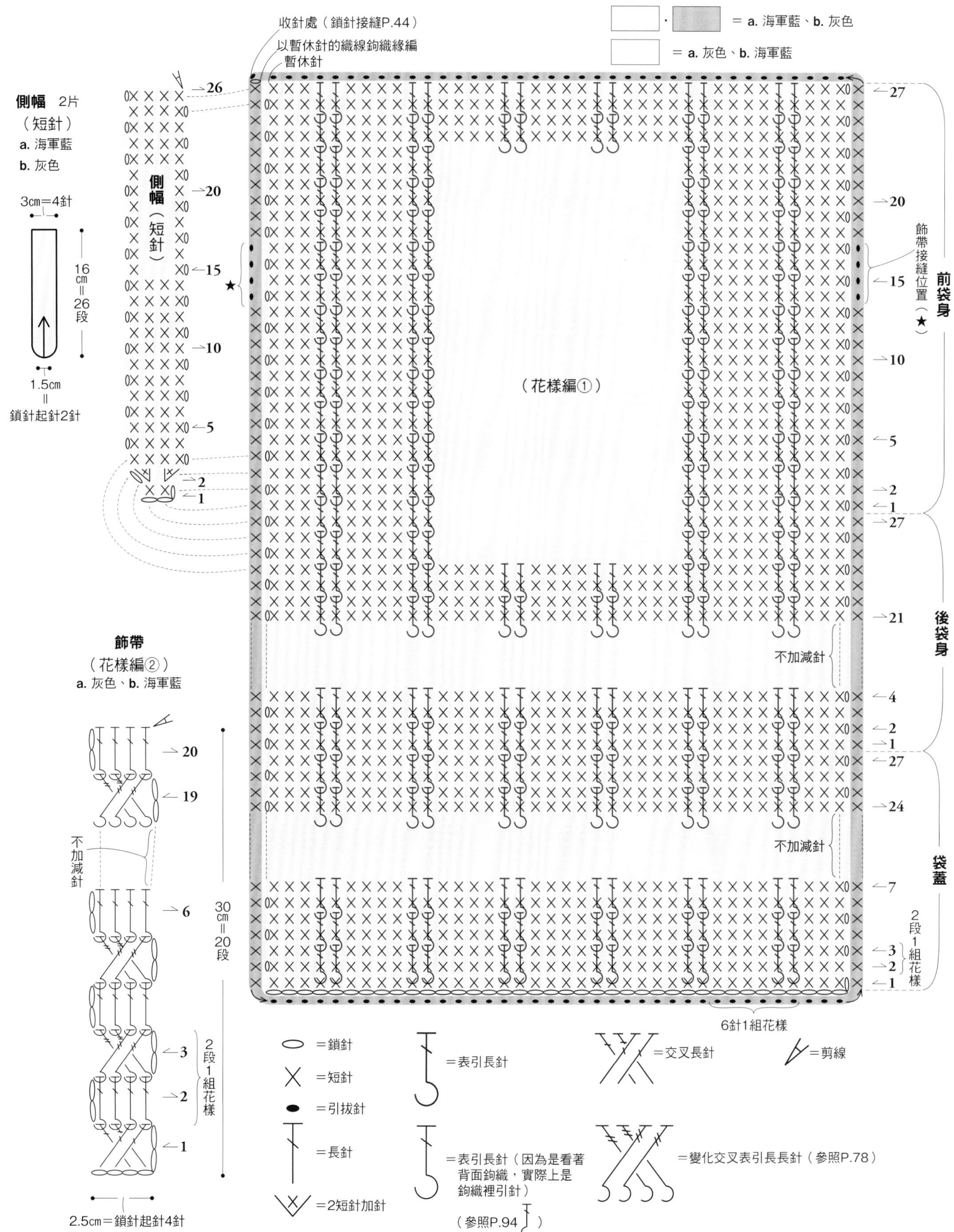
收針處（鎖針接縫P.44）
以暫休針的織線鉤織緣編
暫休針
＝a. 海軍藍、b. 灰色
＝a. 灰色、b. 海軍藍
側幅 2片
（短針）
a. 海軍藍
b. 灰色
3cm＝4針
16cm＝26段
1.5cm＝鎖針起針2針
側幅（短針）
26
20
15
10
5
2
1
★
（花樣編①）
飾帶接縫位置（★）
前袋身
後袋身
袋蓋
27
21
4
24
7
3
不加減針
2段1組花樣
6針1組花樣
飾帶
（花樣編②）
a. 灰色、b. 海軍藍
19
6
不加減針
30cm＝20段
2.5cm＝鎖針起針4針
＝鎖針
＝短針
＝引拔針
＝長針
＝2短針加針
＝表引長針
＝表引長針（因為是看著背面鉤織，實際上是鉤織裡引針）
（參照P.94）
＝交叉長針
＝剪線
＝變化交叉表引長長針（參照P.78）

組合花樣長方提袋 作品P.32・P.33

◎**準備工具**

線材　Hamanaka Comacoma（40g／球）
灰色（13）… 95g　白色（1）… 85g
黃色（3）… 50g

針具　Hamanaka Ami Ami 樂樂雙頭鉤針8/0號

密度　短針　14針15段＝10㎝正方形

尺寸　參照示意圖

◎**織法**　取1條織線，依指定配色鉤織。

❶袋底為鎖針起針29針，沿針目兩側鉤織60針短針。

❷接續鉤織袋身，以輪編依序進行短針、短針的織入花樣、花樣編①、花樣編②。

❸鎖針起針56針，以花樣編③鉤織提把。完成後再以相同方式鉤織另1條。

❹提把以藏針縫固定於袋身外側。

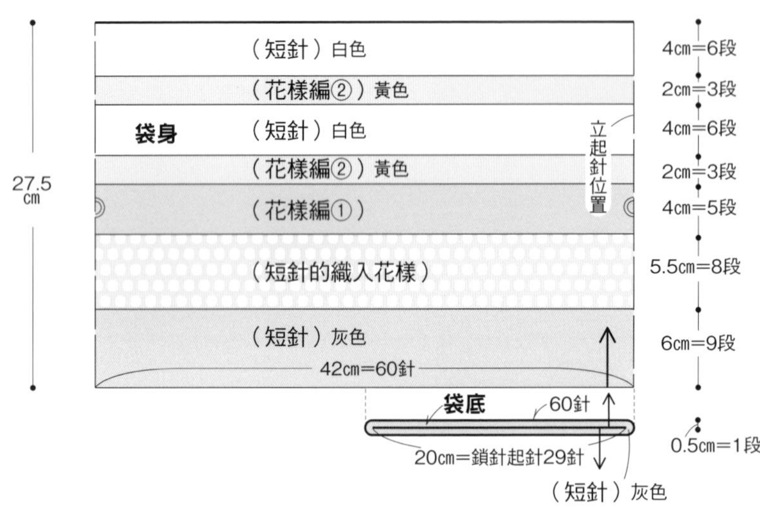

（短針）白色
（花樣編②）黃色
袋身
（短針）白色
（花樣編②）黃色
（花樣編①）
（短針的織入花樣）
（短針）灰色
42㎝=60針
立起針位置
27.5㎝
4㎝=6段
2㎝=3段
4㎝=6段
2㎝=3段
4㎝=5段
5.5㎝=8段
6㎝=9段
袋底
60針
0.5㎝=1段
20㎝=鎖針起針29針
（短針）灰色

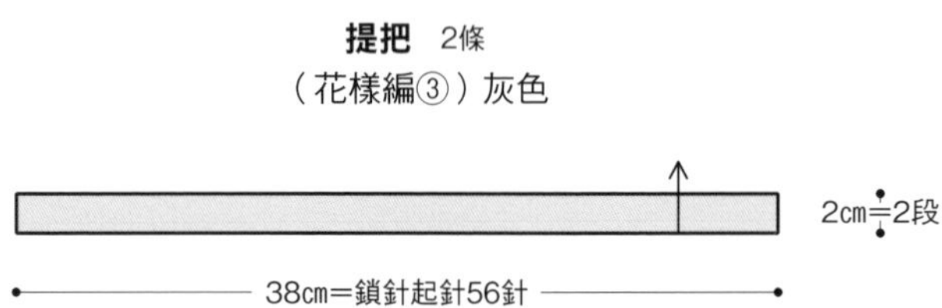

提把 2條
（花樣編③）灰色
2㎝=2段
38㎝=鎖針起針56針

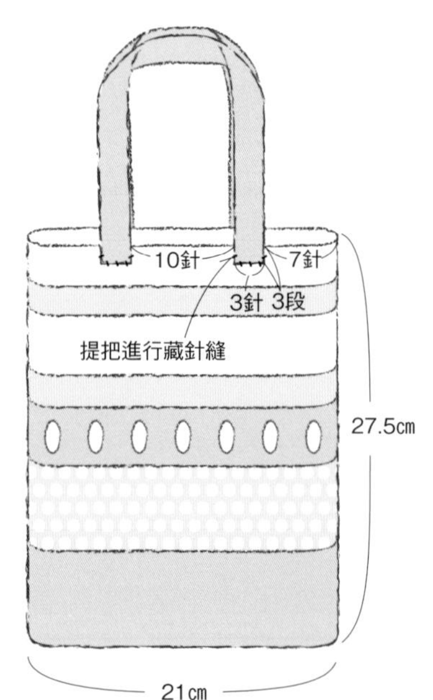

10針
7針
3針 3段
提把進行藏針縫
27.5㎝
21㎝

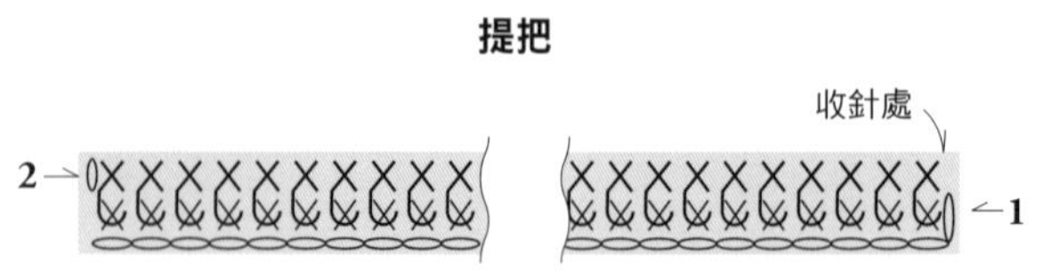

提把
收針處
2
1

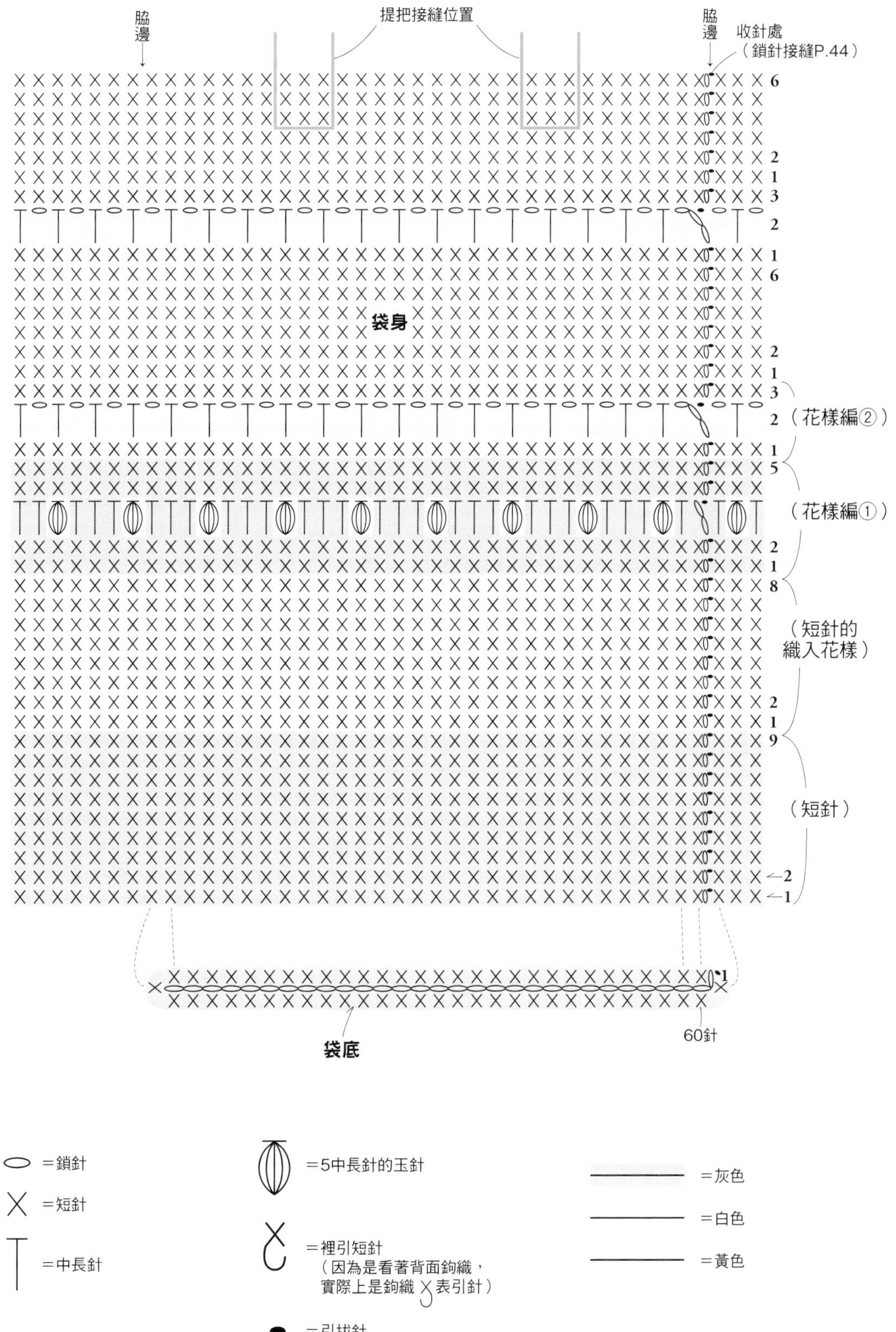

提把接縫位置
脇邊
脇邊
收針處
（鎖針接縫P.44）
袋身
（花樣編②）
（花樣編①）
（短針的
織入花樣）
（短針）
袋底
60針
=鎖針
=短針
=中長針
=5中長針的玉針
=裡引短針
（因為是看著背面鉤織，
實際上是鉤織表引針）
=引拔針
=灰色
=白色
=黃色

流蘇提袋 作品P.34・P.35

◎**準備工具**

線材 Hamanaka Comacoma（40g／球）
a.白色（1）… 120g 灰色（13）… 70g
b.苔蘚綠（9）… 190g
c.海軍藍（11）… 120g 苔蘚綠（9）… 70g

針具 Hamanaka Ami Ami 樂樂雙頭鉤針8/0號

密度 短針 10.5針13.5段＝10cm正方形
花樣編 10.5針14.5段＝10cm正方形

尺寸 參照示意圖

◎**織法** 取1條織線，**a.c.**依指定的配色進行鉤織。

❶鎖針起針15針從袋底開始鉤織，依織圖以輪編進行短針的加針。
❷接續以短針與花樣編鉤織袋身。
❸繼續在袋身挑針，以短針鉤織袋口與提把，提把開口是在織圖指定處鉤18針鎖針。
❹最終段鉤織1段引拔針。
❺製作並繫上流蘇。

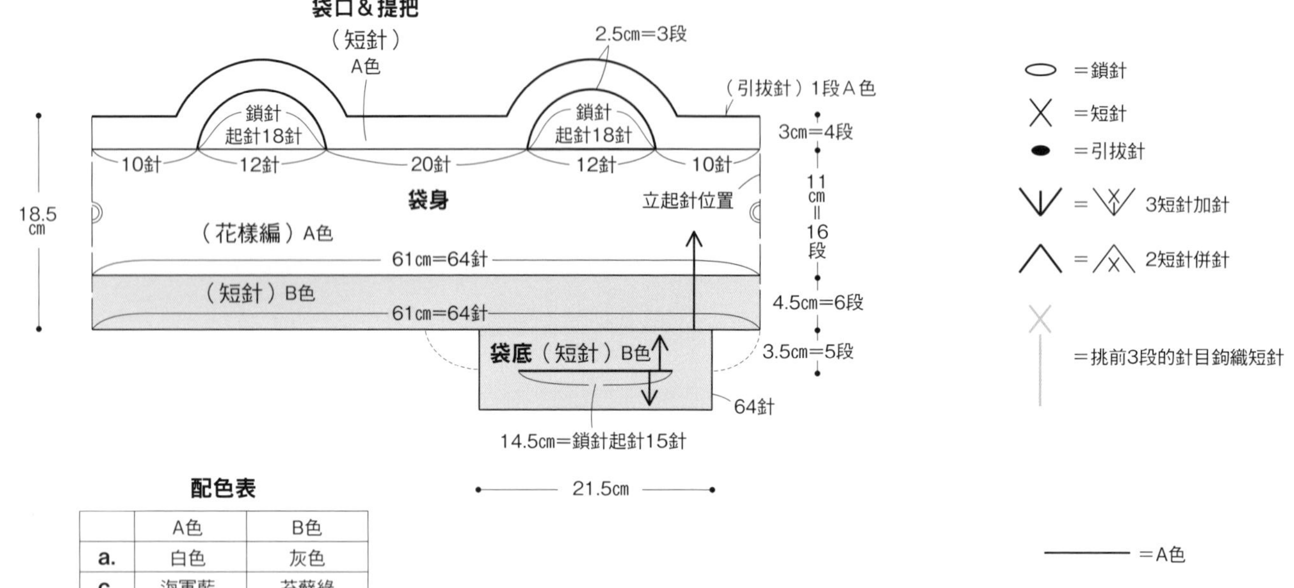

袋口＆提把
（短針）
A色
2.5cm=3段
（引拔針）1段A色
鎖針
起針18針
鎖針
起針18針
3cm=4段
10針
12針
20針
12針
10針
袋身
18.5cm
立起針位置
（花樣編）A色
11cm=16段
61cm=64針
（短針）B色
61cm=64針
4.5cm=6段
袋底（短針）B色
3.5cm=5段
64針
14.5cm=鎖針起針15針
21.5cm
=鎖針
=短針
=引拔針
=3短針加針
=2短針併針
=挑前3段的針目鉤織短針
=A色
=B色

配色表

	A色	B色
a.	白色	灰色
c.	海軍藍	苔蘚綠

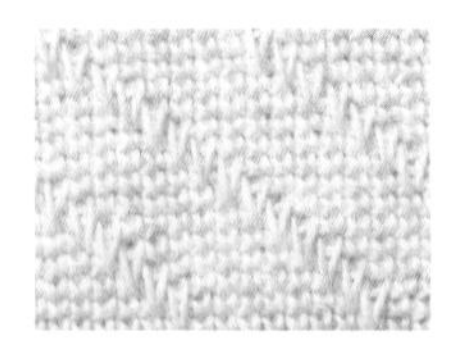

的織法

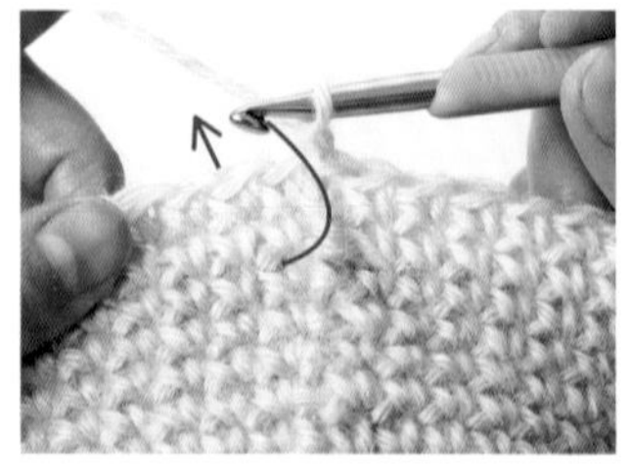

① 鉤織立起針的鎖針，鉤針依箭頭指示，穿入前3段的針目中。

② 鉤針掛線，鉤出稍長的織線。

③ 鉤針掛線，依箭頭指示引拔針上線圈。

④ 完成1組花樣。

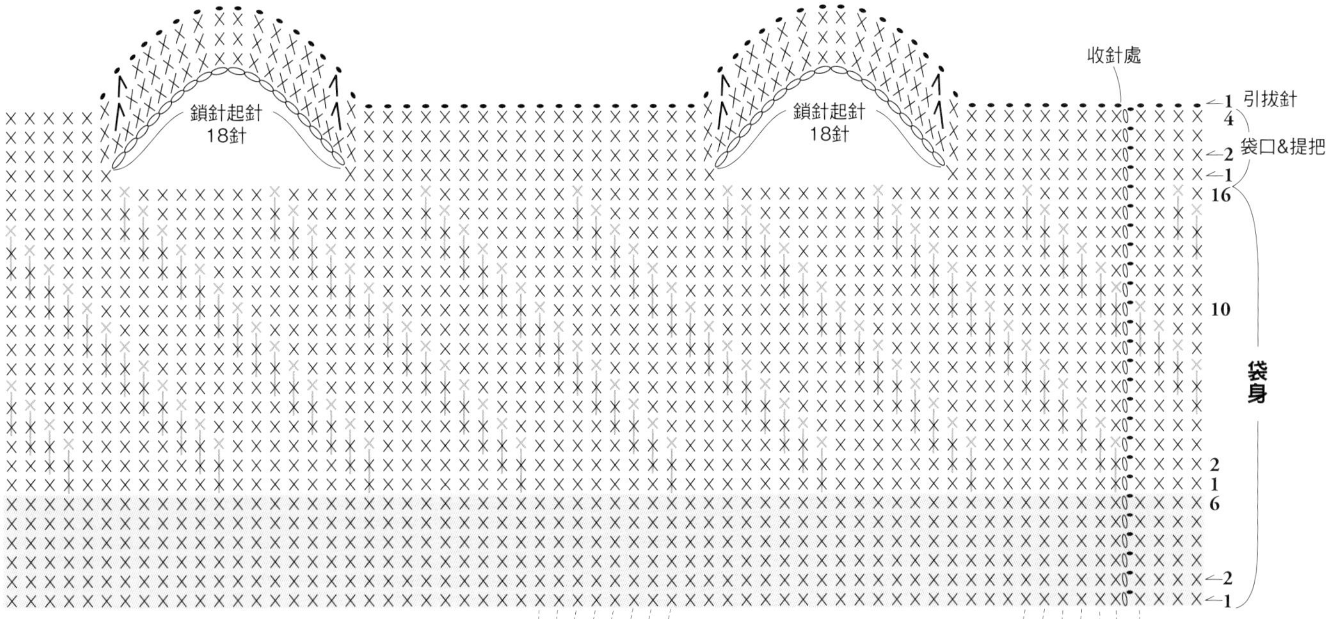

鎖針起針
18針

鎖針起針
18針

收針處

1 引拔針
4
2 袋口&提把
1
16

10

袋身

2
1
6

2
1

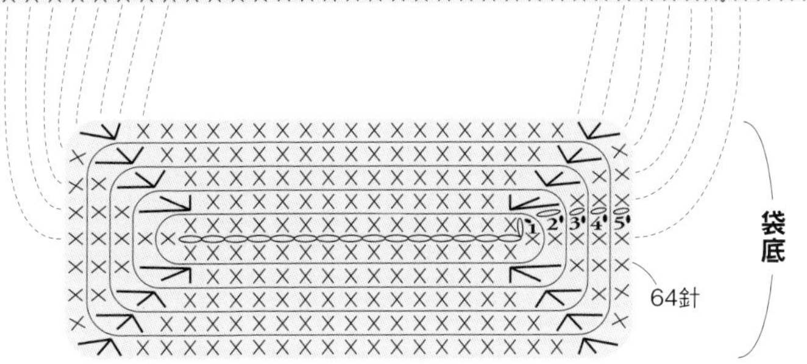

1' 2' 3' 4' 5'

64針

袋底

袋底針數&加針方法

段	針數	加針方法
5	64針	每段加6針
4	56針	
3	48針	
2	40針	
1	沿起針兩側挑32針	

流蘇作法 B色

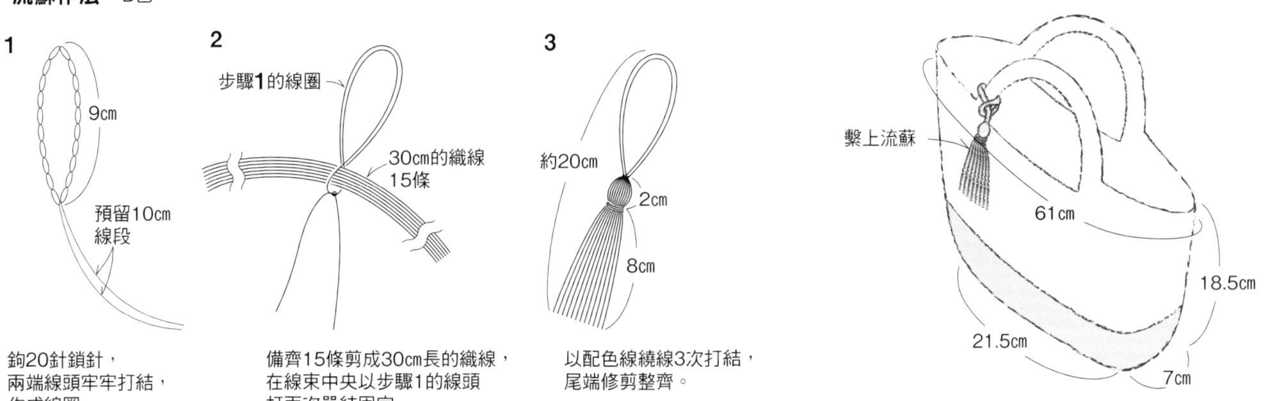

1
9cm
預留10cm
線段
2
步驟1的線圈
30cm的織線
15條
3
約20cm
2cm
8cm
繫上流蘇
61cm
18.5cm
21.5cm
7cm

1 鉤20針鎖針，
兩端線頭牢牢打結，
作成線圈。

2 備齊15條剪成30cm長的織線，
在線束中央以步驟1的線頭
打兩次單結固定。

3 以配色線繞線3次打結，
尾端修剪整齊。

格紋購物袋 作品P.36・P.37

◎**準備工具**

線材 Hamanaka Comacoma（40g／球）
a. 白色（1）… 220g 可可亞棕（15）… 130g
棕色（10）… 30g
b. 黃色（3）… 220g 灰色（13）… 130g
白色（1）… 30g

針具 Hamanaka Ami Ami 樂樂雙頭鉤針8/0號

密度 短針 14針＝10cm 7段＝4.5cm
短針筋編的織入花樣
14針12段＝10cm正方形

尺寸 參照示意圖

◎**織法** 取1條織線，依指定配色鉤織。

❶袋底為鎖針起針26針，依織圖進行短針的加針，鉤織7段後剪線。

❷在指定的位置上接線，開始鉤織袋身，一邊包裹暫休針的織線，一邊鉤織一段短針筋編的織入花樣，接著鉤織短針。

❸鎖針起針45針，依織圖進行短針的加針，鉤織提把。完成後再以相同方式鉤織另1條。中段如圖示對摺，進行捲針縫。

❹將提把縫於袋身外側。

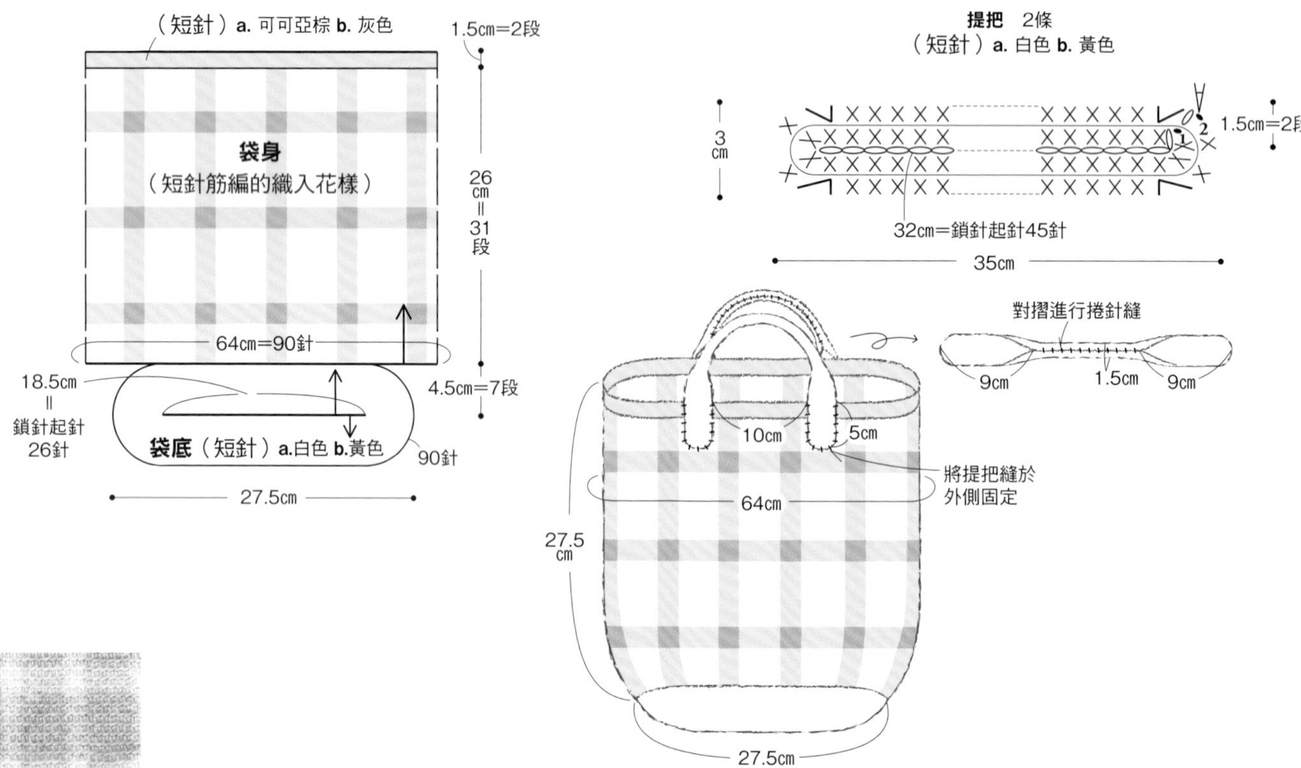

（短針）a. 可可亞棕 b. 灰色
1.5cm=2段
袋身
（短針筋編的織入花樣）
26cm=31段
64cm=90針
18.5cm=鎖針起針26針
4.5cm=7段
袋底（短針）a.白色 b.黃色
90針
27.5cm
提把 2條
（短針）a. 白色 b. 黃色
3cm
1.5cm=2段
32cm=鎖針起針45針
35cm
對摺進行捲針縫
9cm
1.5cm
9cm
10cm
5cm
將提把縫於外側固定
64cm
27.5cm
27.5cm

配色線的包編方法 ※以作品b.進行示範。

① 鉤織立起針的鎖針時，將配色線（灰色）置於織片上方，形成包夾的模樣。

② 鉤織第1針最後的引拔時，改掛配色線，依箭頭指示引拔。配色線的線端預留約5cm。底色線（黃色）則緊貼織片上緣，鉤織的同時一併包編。

③ 鉤織配色線第3針短針的最後引拔時，改掛底色線引拔。

④ 一邊包編配色線，一邊繼續鉤織短針。

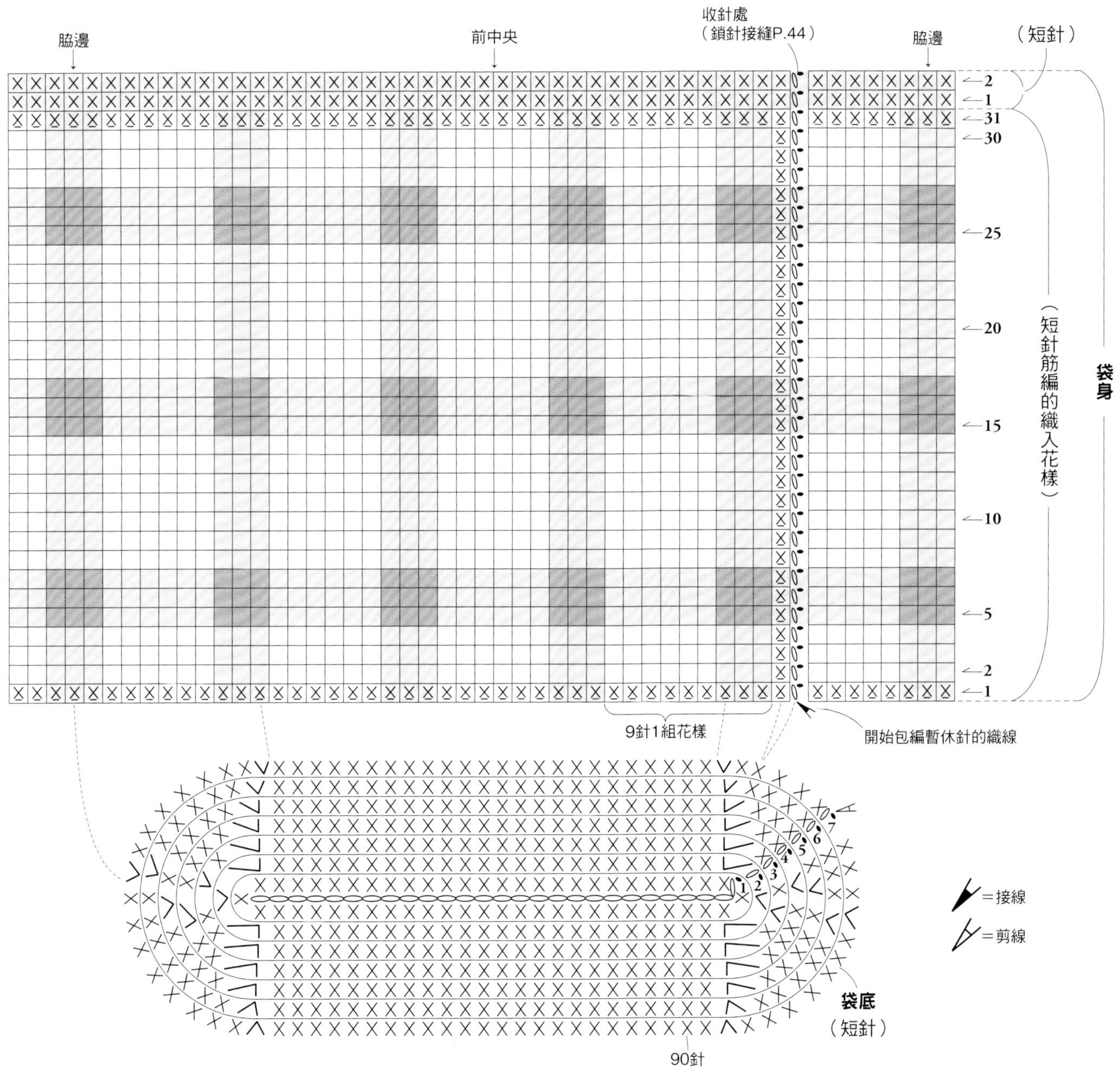
脇邊
前中央
收針處
（鎖針接縫P.44）
脇邊
（短針）
2
1
31
30
25
20
15
10
5
2
1
（短針筋編的織入花樣）
袋身
9針1組花樣
開始包編暫休針的織線
1
2
3
4
5
6
7
=接線
=剪線
袋底
（短針）
90針

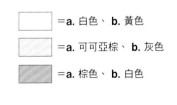

袋底針數＆加針方法

段	針數	加針方法
7	90針	每段加6針
6	84針	
5	78針	
4	72針	
3	66針	
2	60針	
1	沿鎖針兩側挑54針	

＝鎖針

＝短針

＝短針的筋編

＝引拔針

＝ 2短針加針

＝**a.** 白色、 **b.** 黃色

＝**a.** 可可亞棕、 **b.** 灰色

＝**a.** 棕色、 **b.** 白色

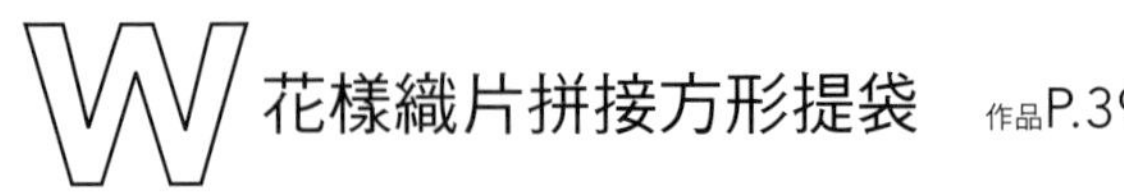

W 花樣織片拼接方形提袋 作品P.39

◎**準備工具**

線材 Hamanaka Comacoma（40g／球）
藍色（5）… 190g 白色（1）… 110g

針具 Hamanaka Ami Ami 樂樂雙頭鉤針7/0號

花樣織片尺寸 10cm正方形

密度 短針 16針＝10cm

尺寸 參照示意圖

◎**織法** 取1條織線，依指定配色鉤織。

❶袋身的花樣織片是繞線作輪狀起針，依織圖進行，鉤織12片相同的織片。將花樣織片以半針目的捲針縫接合成筒狀。

❷在指定的位置上接線，沿花樣織片的底側挑96針，以輪編鉤織1段短針後，剪線。

❸鎖針起針42針，以往復編鉤織3段短針，製作袋底。

❹在袋底的指定位置上接線鉤織袋身，沿四周進行輪編，鉤織3段短針與短針的筋編。

❺以半針目的捲針縫接合步驟❷與❹。

❻袋口與提把是在花樣織片上挑96針，以輪編鉤織2段短針後剪線。在指定處接線，一邊預留提把開口，一邊以往復編鉤織第3、第4段後剪線。以相同方式鉤織另一側提把開口並剪線。接線鉤織第5段，提把開口處各鉤織16針鎖針，接著再以輪編鉤織3段短針，最終段翻面，以往復編的方式鉤織1段引拔針。

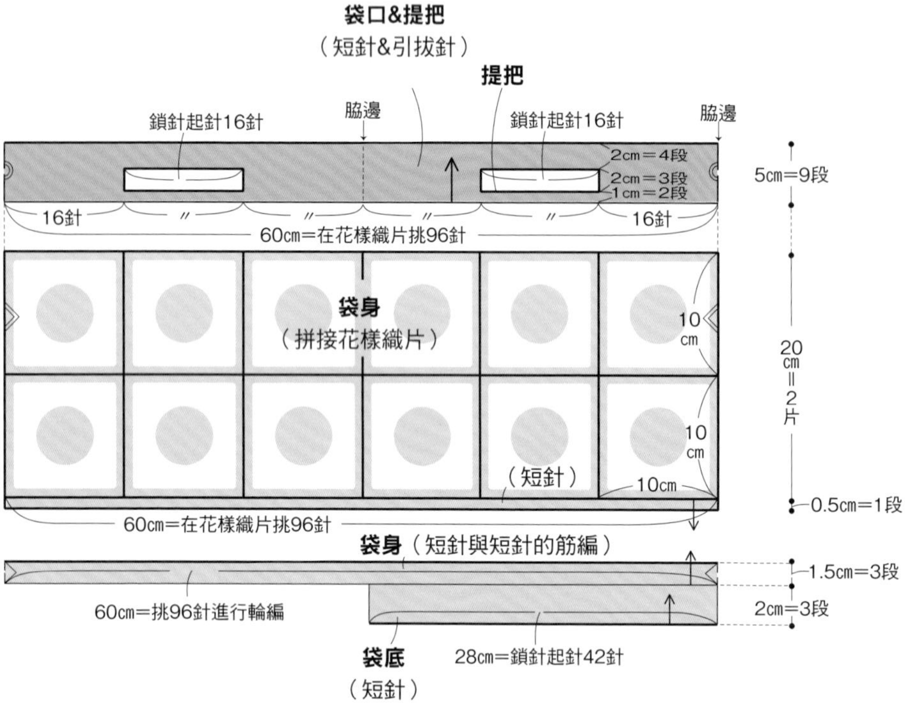

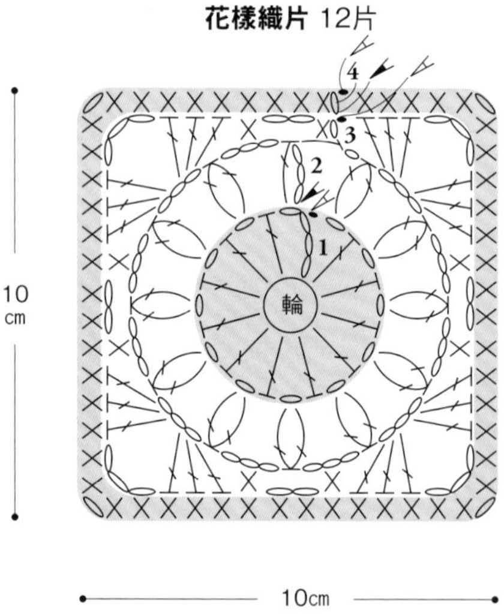

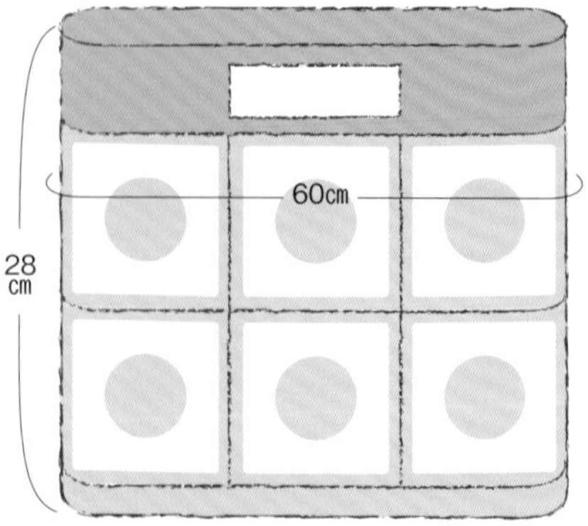

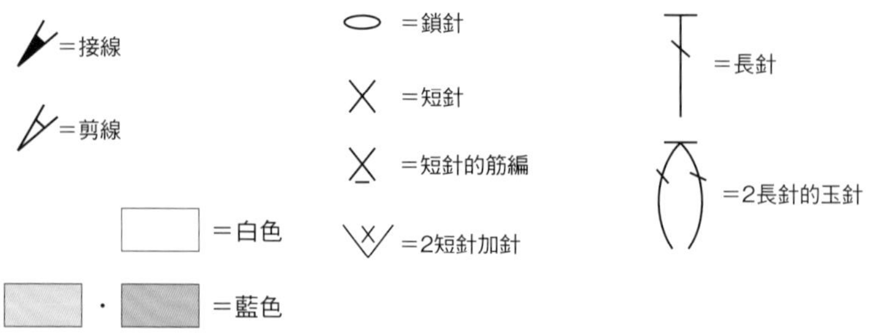

袋口&提把
（短針&引拔針）
提把
鎖針起針16針
脇邊
鎖針起針16針
脇邊
2cm＝4段
2cm＝3段
1cm＝2段
5cm＝9段
16針
16針
60cm＝在花樣織片挑96針
袋身
（拼接花樣織片）
10cm
10cm
20cm＝2片
（短針）
10cm
0.5cm＝1段
60cm＝在花樣織片挑96針
袋身（短針與短針的筋編）
1.5cm＝3段
60cm＝挑96針進行輪編
2cm＝3段
袋底
（短針）
28cm＝鎖針起針42針
花樣織片 12片
輪
10cm
10cm
60cm
28cm
＝接線
＝剪線
＝白色
＝藍色
＝鎖針
＝短針
＝短針的筋編
＝2短針加針
＝長針
＝2長針的玉針

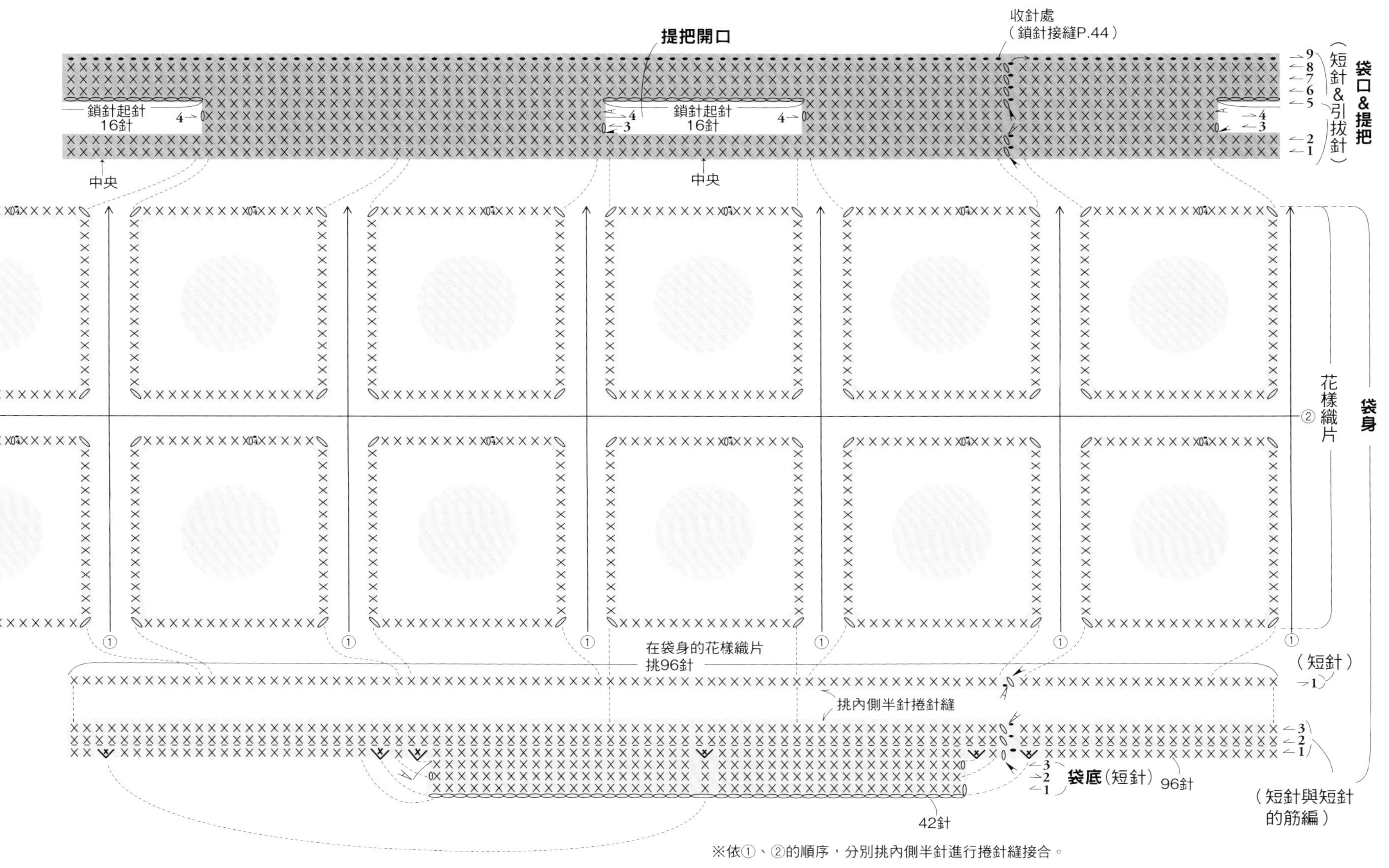
提把開口
收針處
（鎖針接縫P.44）
袋口&提把
（短針&引拔針）
鎖針起針
16針
鎖針起針
16針
中央
中央
袋身
花樣織片
在袋身的花樣織片
挑96針
（短針）
挑內側半針捲針縫
袋底（短針）
96針
42針
（短針與短針的筋編）

※依①、②的順序，分別挑內側半針進行捲針縫接合。

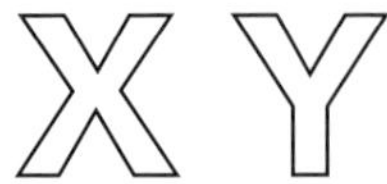

XY 親子外出袋 作品P.40・P.41

◎**準備工具**

線材 Hamanaka Comacoma（40g／球）
黃色（3）… **提袋** 200g **小肩包**55g
Hamanaka Eco Andaria（40g／球）
萊姆黃（19）…**提袋** 75g **小肩包**20g

針具 Hamanaka Ami Ami 樂樂雙頭鉤針8/0號

其他 **提袋** 直徑2.5㎝、3.5㎝的包釦 各1顆
小肩包 直徑1.7㎝的鈕釦1顆

密度 短針 取1條Comacoma 13針16段＝10㎝正方形
取2條Eco Andaria 13針15段＝10㎝正方形

尺寸 參照示意圖

提袋

◎**織法** Comacoma取1條、Eco Andaria取2條線進行鉤織。

❶袋底為鎖針起針30針，依織圖以輪編進行短針的加針。

❷接著以短針鉤織袋身，並且依織圖更換織線。

❸在袋身挑針，接續鉤織袋口與提把的短針，途中分別在指定處鉤16針鎖針，製作提把開口。

❹製作裝飾，視整體平衡接縫。

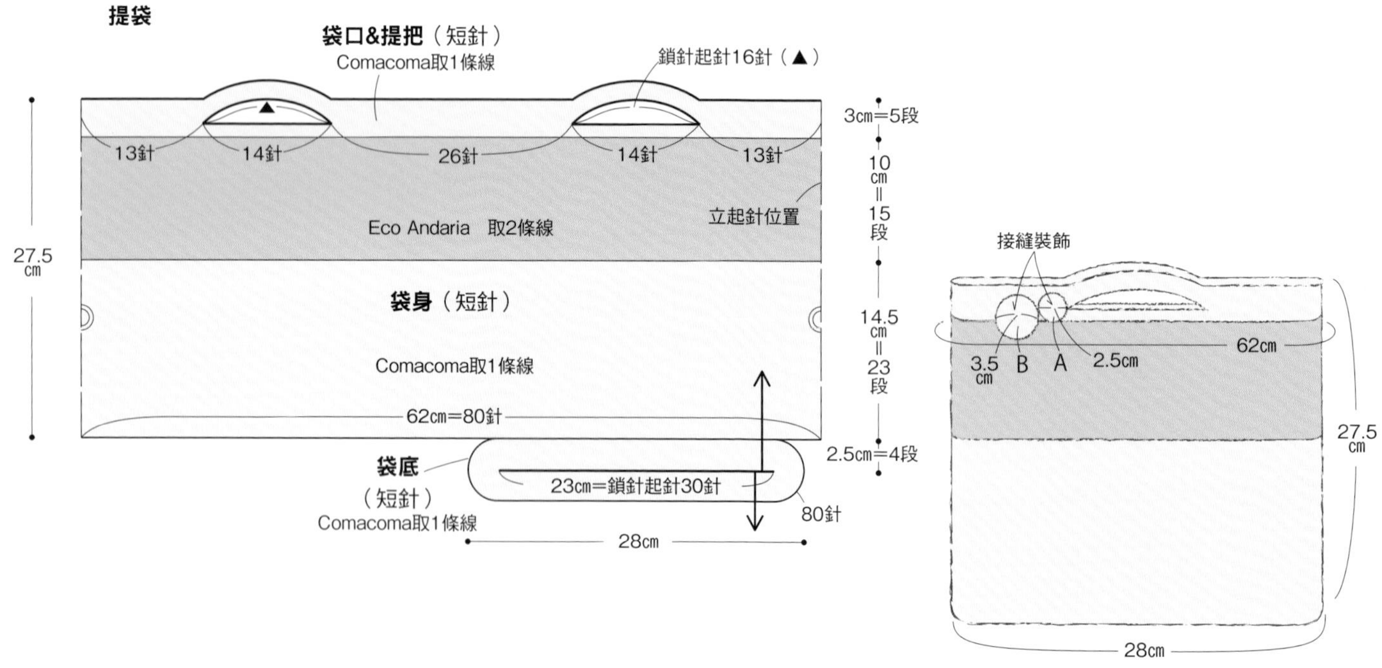

提袋
袋口&提把（短針）
Comacoma取1條線
鎖針起針16針（▲）
3㎝＝5段
13針
14針
26針
14針
13針
10㎝＝15段
立起針位置
27.5㎝
Eco Andaria 取2條線
袋身（短針）
14.5㎝＝23段
Comacoma取1條線
62㎝＝80針
2.5㎝＝4段
袋底
（短針）
Comacoma取1條線
23㎝＝鎖針起針30針
80針
28㎝
接縫裝飾
62㎝
3.5㎝
B
A
2.5㎝
27.5㎝
28㎝

小肩包的背帶

四股編 以完成尺寸約1.5倍的4條織線組成，輪流將兩兩相對的2組織線交叉，編織而成。

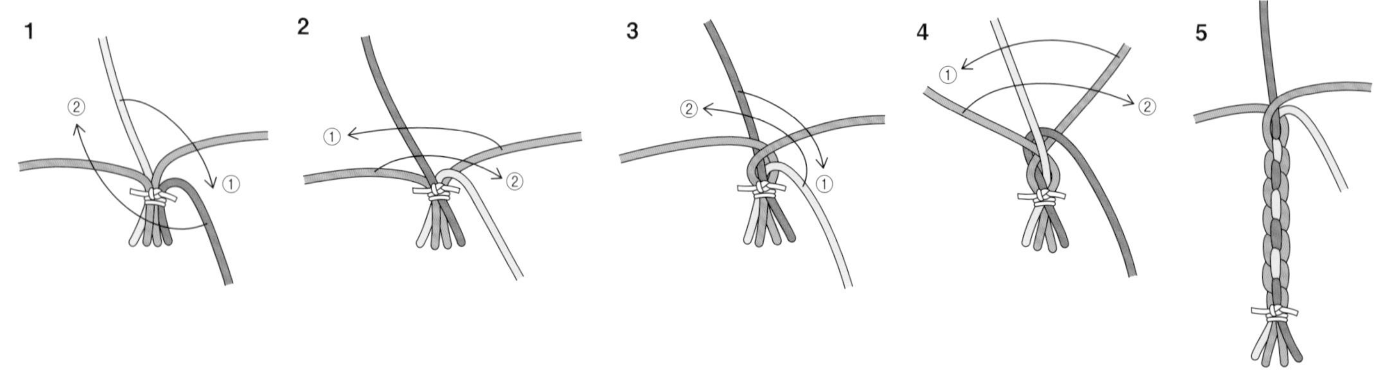

1
2
3
4
5

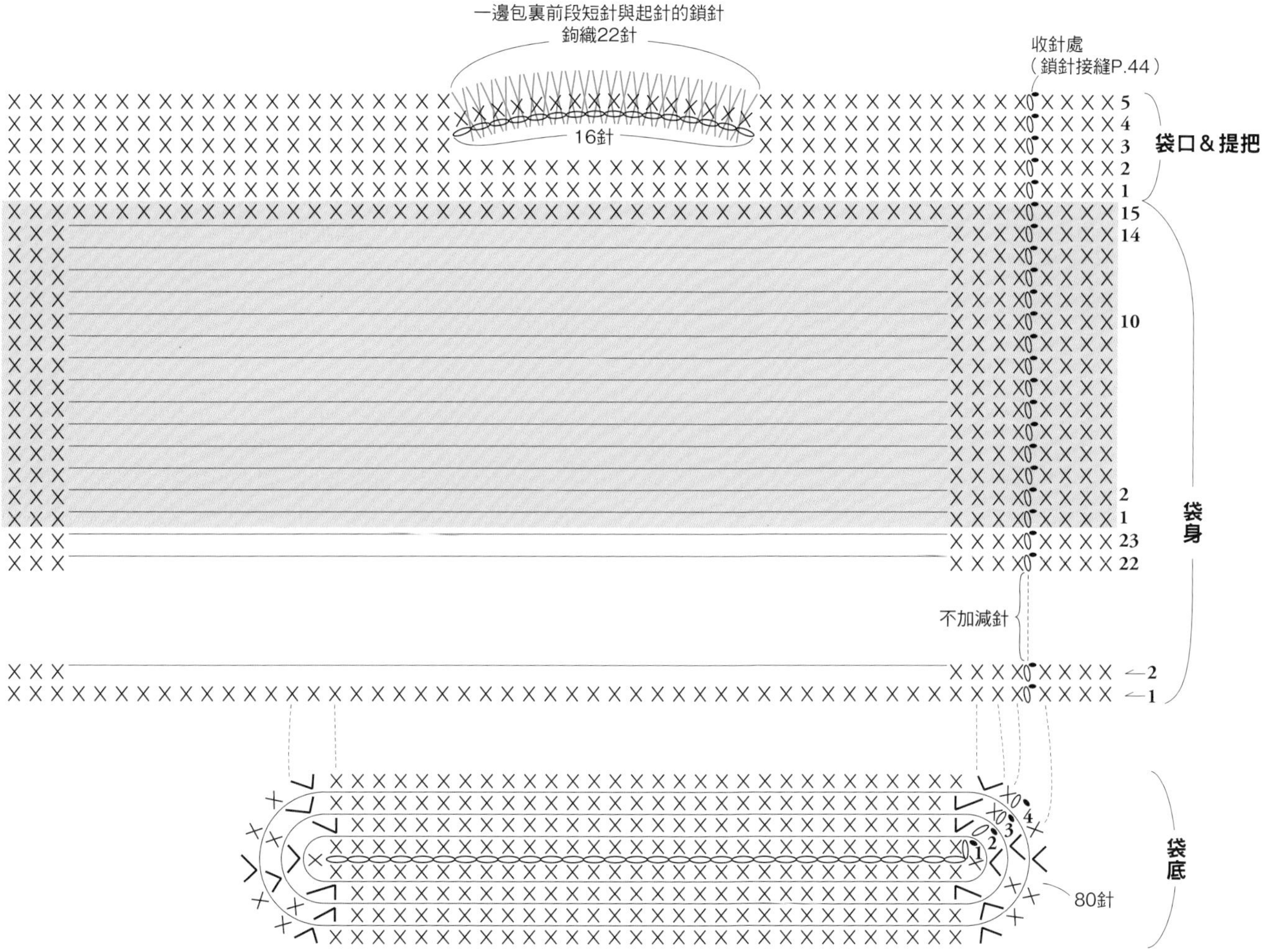

一邊包裹前段短針與起針的鎖針
鉤織22針

16針

收針處
（鎖針接縫P.44）

袋口&提把

袋身

不加減針

袋底

80針

＝Comacoma取1條線

＝Eco Andaria取2條線

袋底針數&加針方法

段	針數	加針方法
4	80針	每段加6針
3	74針	
2	68針	
1	沿起針兩側挑62針	

裝飾球（短針）各1顆　※將背面作為正面，裝入包釦之後，最終段針目穿入織線，縮口束緊。

Comacoma取1條線

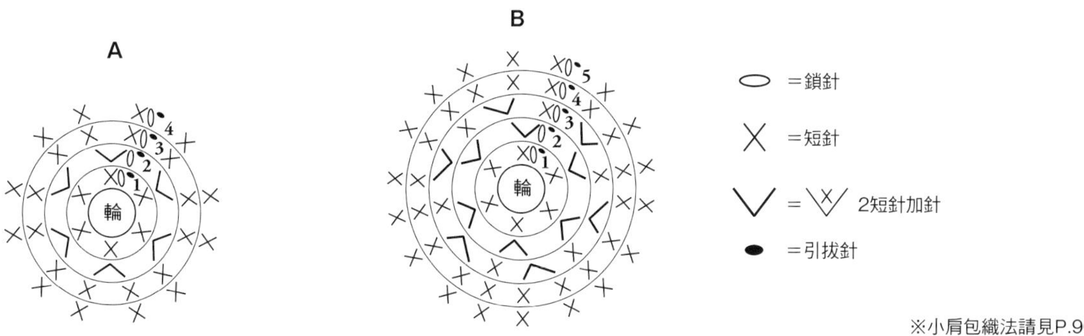
A
B
輪
＝鎖針
＝短針
＝ 2短針加針
＝引拔針

※小肩包織法請見P.90。

小肩包

◎**織法**　Comacoma取1條、Eco Andaria取2條織線進行鉤織。

❶袋底為鎖針起針16針，依織圖以輪編進行短針的加針。

❷接續鉤織袋身，依織圖更換織線，鉤織短針。

❸袋蓋是接續袋身鉤織，依織圖進行短針的減針，最後鉤至鈕釦釦環為止。

❹背帶是依指定長度裁剪2條織線，穿入袋身針目後對摺，以四股編編織至指定長度。尾端穿入袋身另一側的針目，打結固定後將線端剪齊。

❺接縫鈕釦。

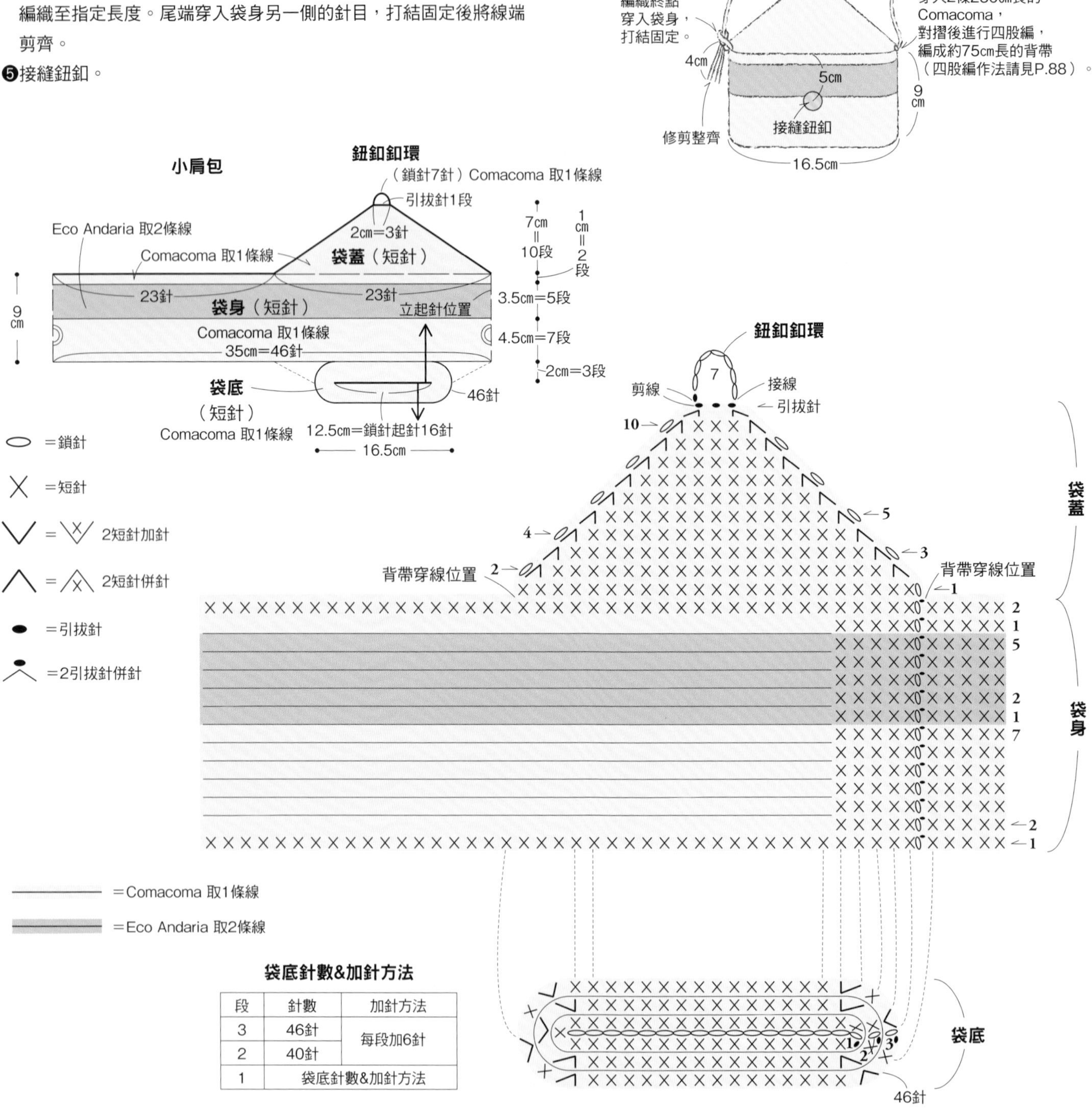

背帶
將四股編的
編織終點
穿入袋身，
打結固定。
穿入2條250cm長的
Comacoma，
對摺後進行四股編，
編成約75cm長的背帶
（四股編作法請見P.88）。
4cm
5cm
9cm
接縫鈕釦
修剪整齊
16.5cm
小肩包
鈕釦釦環
（鎖針7針）Comacoma 取1條線
引拔針1段
2cm=3針
Eco Andaria 取2條線
Comacoma 取1條線
袋蓋（短針）
7cm=10段
1cm=2段
23針
23針
袋身（短針）
立起針位置
3.5cm=5段
Comacoma 取1條線
35cm=46針
4.5cm=7段
2cm=3段
袋底
（短針）
Comacoma 取1條線
46針
12.5cm=鎖針起針16針
16.5cm
=鎖針
=短針
=2短針加針
=2短針併針
=引拔針
=2引拔針併針
鈕釦釦環
剪線
接線
引拔針
背帶穿線位置
背帶穿線位置
袋蓋
袋身
=Comacoma 取1條線
=Eco Andaria 取2條線
袋底
46針

袋底針數&加針方法

段	針數	加針方法
3	46針	每段加6針
2	40針	
1	袋底針數&加針方法	

掀蓋小波奇包 作品P.38

◎準備工具

線材 Hamanaka Comacoma（40g／球）
海軍藍（11）… 80g 橘色（8）… 40g

針具 Hamanaka Ami Ami 樂樂雙頭鉤針7/0號

其他 Hamanaka 手縫式磁釦 金色（H206-049-1）1組

密度 花樣編 15針＝10cm 1組花樣（4段）＝約3.2cm

尺寸 參照示意圖

◎織法 取1條織線，依指定配色鉤織。

❶袋底為鎖針起針15針，依織圖以輪編進行短針的加針。

❷接續鉤織袋身，以輪編進行短針與花樣編。

❸袋蓋為鎖針起針2針，依織圖以往復編進行短針的加針，最終段是挑前段針目鉤織引拔針。

❹在袋身（△）疊放袋蓋（★），以引拔針一併接縫固定。

❺將磁釦縫合固定於指定位置上。

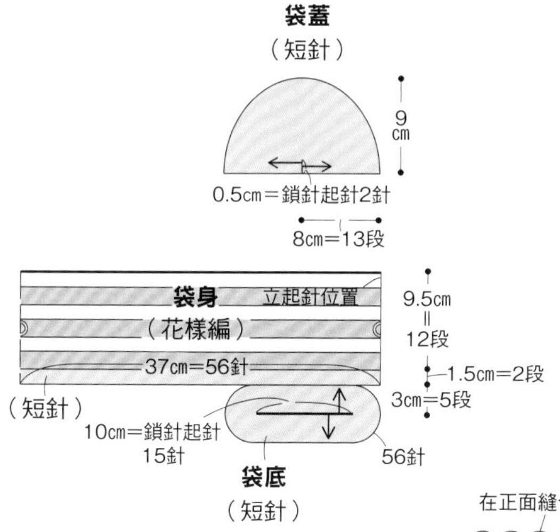

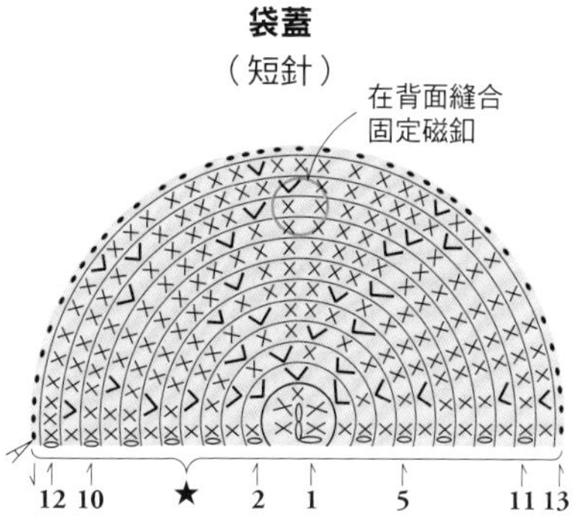

袋蓋針數＆加針方法

段	針數	加針方法
13	38針	引拔針
12	38針	每段加4針
11	34針	
10	30針	
9	26針	加3針
8	23針	不加減針
7	23針	每段加3針
6	20針	
5	17針	
4	14針	
3	11針	
2	8針	
1	沿鎖針兩側挑5針	

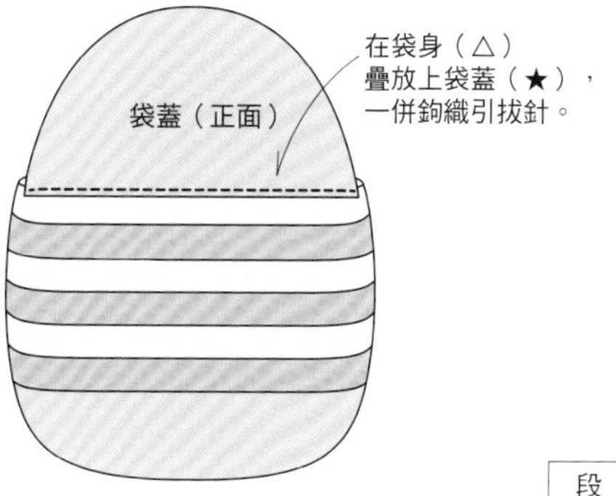

袋蓋
（短針）
9cm
0.5cm＝鎖針起針2針
8cm＝13段
袋身 立起針位置
（花樣編）
37cm＝56針
9.5cm＝12段
1.5cm＝2段
3cm＝5段
（短針）
10cm＝鎖針起針15針
56針
袋底
（短針）
袋蓋
（短針）
在背面縫合固定磁釦
12 10 ★ 2 1 5 11 13
在正面縫合固定磁釦
△
收針處
12
10
5
4
2
1
2
1
4段1組花樣
（花樣編）
袋身
（短針）
袋底
（短針）
56針
＝接線
＝剪線
背面
在袋身（△）疊放上袋蓋（★），一併鉤織引拔針。
袋蓋（正面）
正面
1段
縫合固定磁釦
袋蓋（背面）
4段

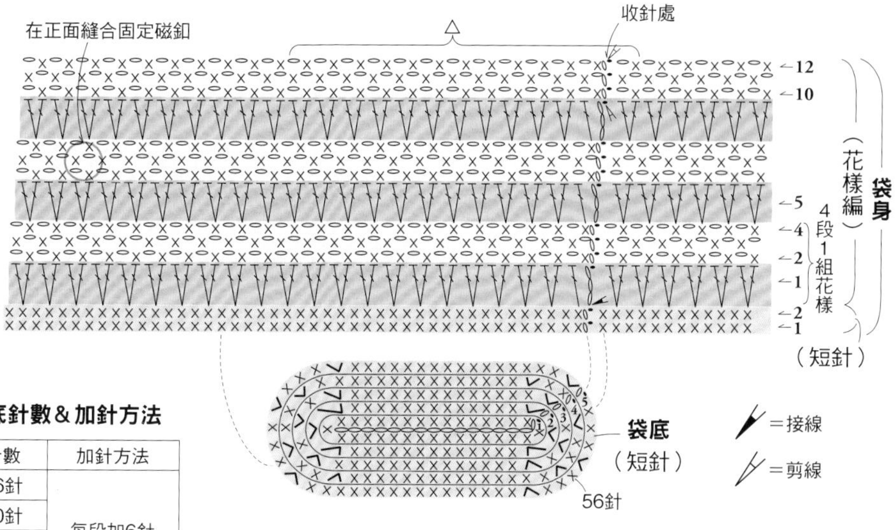

袋底針數＆加針方法

段	針數	加針方法
5	56針	每段加6針
4	50針	
3	44針	
2	38針	
1	沿鎖針兩側挑32針	

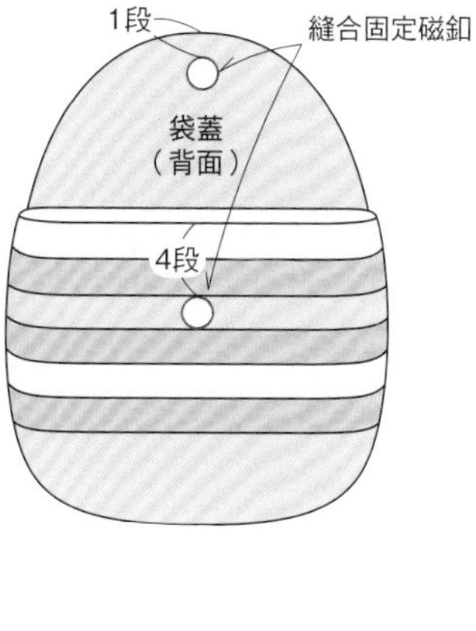

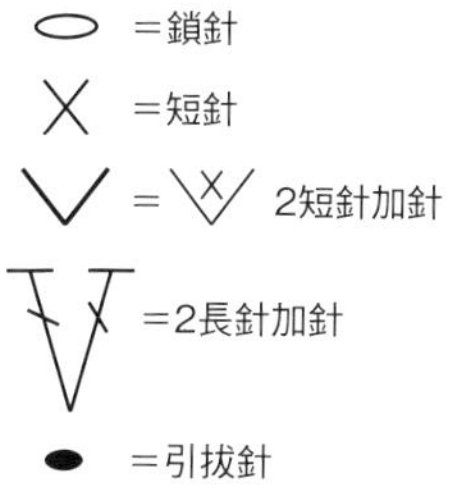

＝鎖針
＝短針
＝ 2短針加針
＝2長針加針
＝引拔針
＝橘色 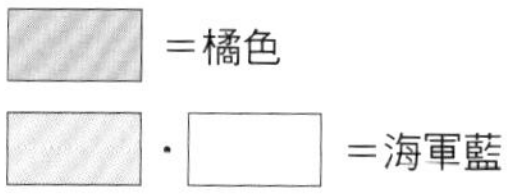
・ ＝海軍藍
11cm
18.5cm
16cm

※縱向渡線進行鉤織。

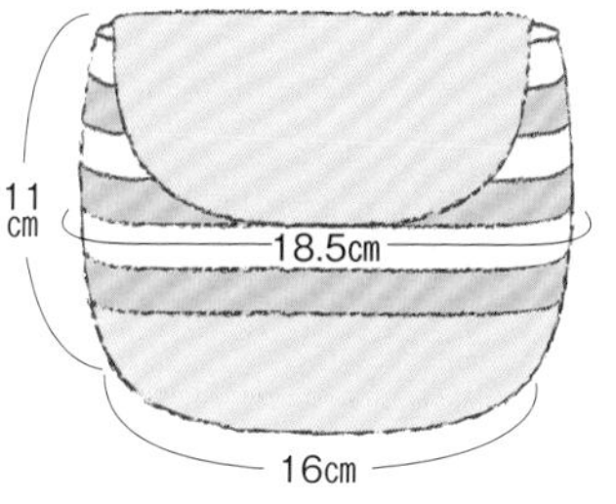

鉤針編織基礎技法

[針目記號]

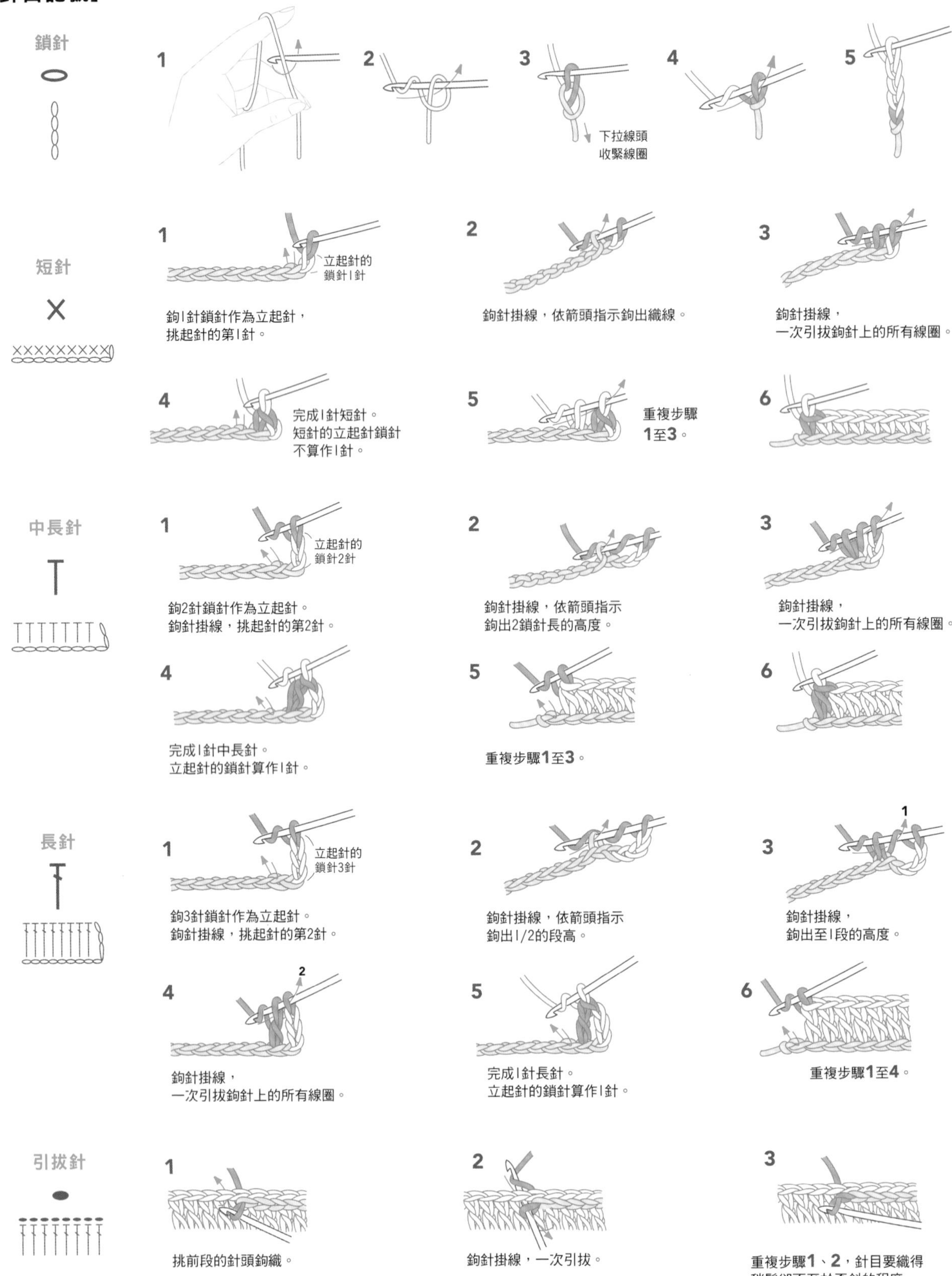

鎖針
1
2
3
4
5
下拉線頭
收緊線圈
短針
1
立起針的
鎖針1針
鉤1針鎖針作為立起針，
挑起針的第1針。
2
鉤針掛線，依箭頭指示鉤出織線。
3
鉤針掛線，
一次引拔鉤針上的所有線圈。
4
完成1針短針。
短針的立起針鎖針
不算作1針。
5
重複步驟
1至3。
6
中長針
1
立起針的
鎖針2針
鉤2針鎖針作為立起針。
鉤針掛線，挑起針的第2針。
2
鉤針掛線，依箭頭指示
鉤出2鎖針長的高度。
3
鉤針掛線，
一次引拔鉤針上的所有線圈。
4
完成1針中長針。
立起針的鎖針算作1針。
5
重複步驟1至3。
6
長針
1
立起針的
鎖針3針
鉤3針鎖針作為立起針。
鉤針掛線，挑起針的第2針。
2
鉤針掛線，依箭頭指示
鉤出1/2的段高。
3
鉤針掛線，
鉤出至1段的高度。
4
鉤針掛線，
一次引拔鉤針上的所有線圈。
5
完成1針長針。
立起針的鎖針算作1針。
6
重複步驟1至4。
引拔針
1
挑前段的針頭鉤織。
2
鉤針掛線，一次引拔。
3
重複步驟1、2，針目要織得
稍鬆卻不至於歪斜的程度。

長長針

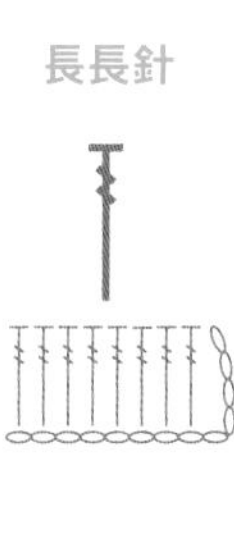

1 
立起針的
鎖針4針

鉤4針鎖針作為立起針。
鉤針掛線2次，挑起針的第2針。

2 

鉤針掛線，依箭頭指示
鉤出至1/3的段高。

3 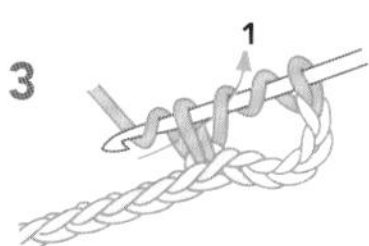
1

鉤針掛線，
引拔鉤針上前2個線圈。

4 
2

鉤針掛線，
再次引拔前2個線圈。

5 
3

鉤針掛線，引拔最後2個線圈。

6 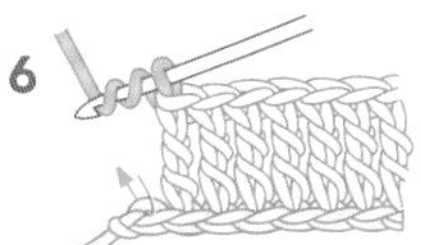

重複步驟**1**至**5**。
立起針的鎖針算作1針。

2短針加針

1 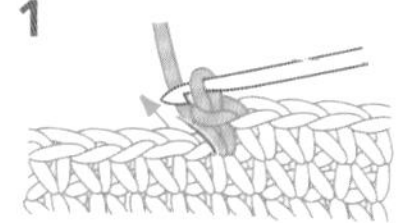

鉤織1針短針，
再次於同一針目挑針鉤織。

2 
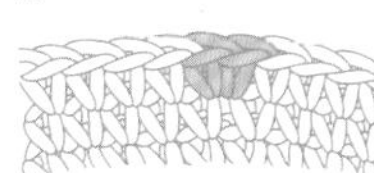

增加1針。

3短針加針

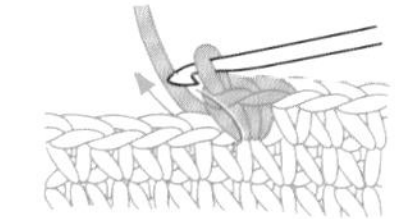

依「2短針加針」的要領，
將鉤針穿入同一針目，鉤織3針短針。

2長針加針

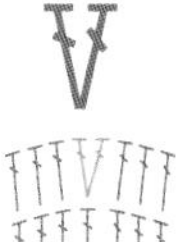

1 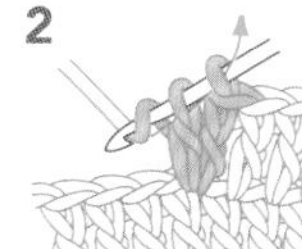

鉤織1針長針，
鉤針再次穿入同一針目。

2 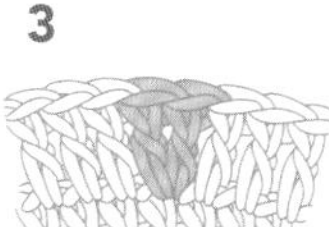

鉤織針目高度
一致的長針。

3

增加1針。

2中長針加針

鉤針1針中長針，
再次於同一針目挑針，
鉤織中長針。

※即使織入的針數增加，
也是依相同要領鉤織。

2短針併針

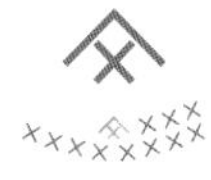

1 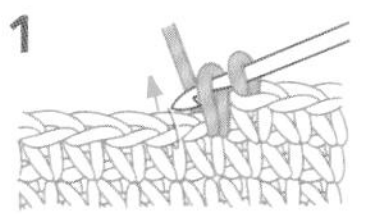

鉤出第1針的織線，
接著直接在下一針鉤出織線。

2 

鉤針掛線，一次引拔鉤針上
的所有線圈。

3 

2針短針變成1針。

短針的筋編

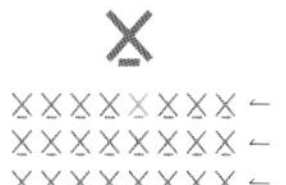

1 

僅挑前段短針針頭外側的
1條線，鉤針掛線鉤出。

2 

鉤織短針。

3 

留下前段針目的內側1條線
浮凸於織片，呈現條紋狀。

表引短針

1 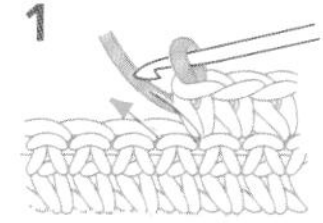

鉤針依箭頭指示
橫向穿入，
挑前段的針腳。

2 

3 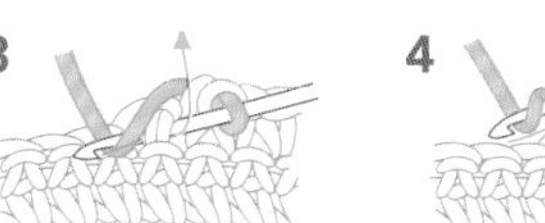

鉤針掛線，鉤出比短針稍長的織線。

4 5 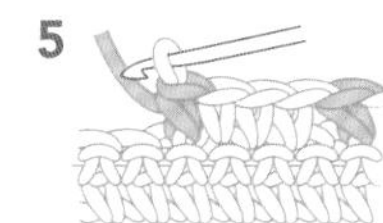

依鉤織短針的
相同要領完成針目。

逆短針

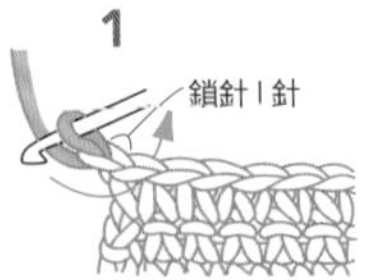
1
鎖針1針

鉤針如圖示往內側旋轉，回頭挑針。

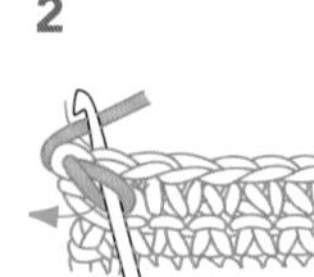
2

鉤針掛線，依箭頭方向鉤出。

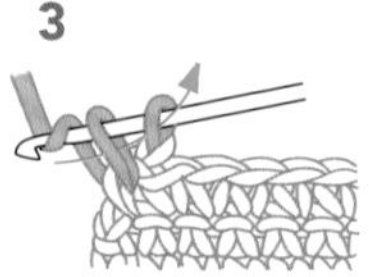
3

鉤針掛線，一次引拔2個線圈。

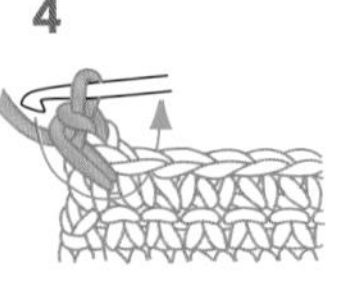
4

重複步驟**1**至**3**，由左往右鉤織。

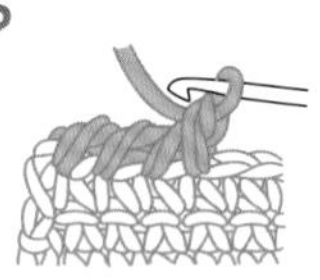
5

3中長針的玉針

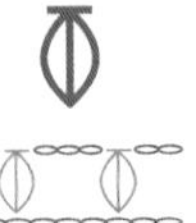

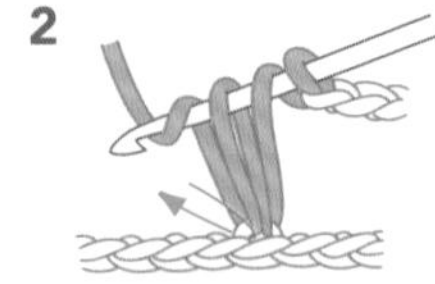
1

鉤針掛線，依箭頭指示穿入，鉤出織線。（未完成的中長針）

在同一針目鉤織第2針未完成的中長針。

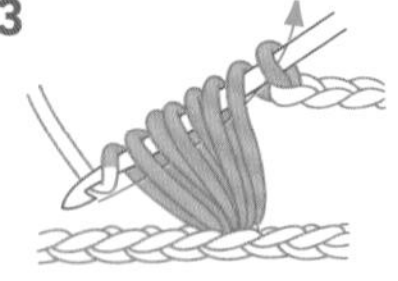
3

繼續在同一針目鉤織第3針未完成的中長針，3針高度一致，一次引拔。

4

※即使織入的針數增加，也是依相同要領鉤織。

3長針的玉針

鉤織至長針最後的引拔之前（未完成的長針）。

在同一針目挑針，鉤織第2針未完成的長針。

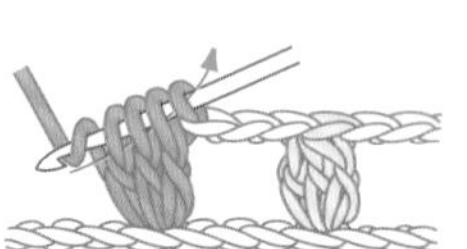
3

繼續在同一針目鉤織第3針未完成的長針，3針高度一致，一次引拔。

2長針的玉針

※依「3長針的玉針」相同要領，改鉤2針長針。

表引長針

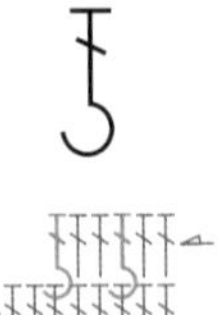

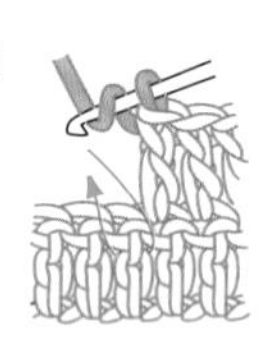
1

鉤針掛線，依箭頭指示從正面橫向穿入前段的針腳。

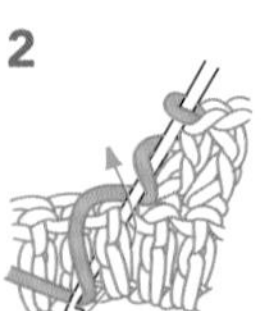
2

鉤針掛線，鉤出稍長的織線，這時要避免前段針目或相鄰針目歪斜。

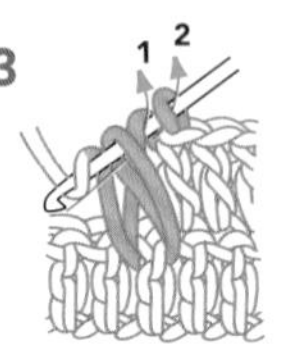
3
1
2

依鉤織長針的相同要領完成針目。

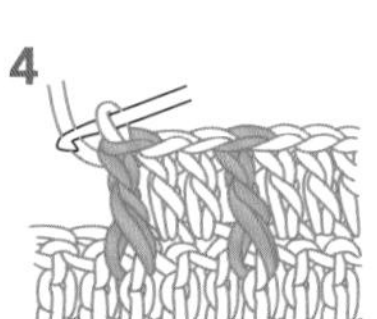
4

完成。

裡引長針

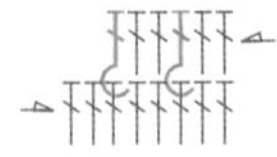

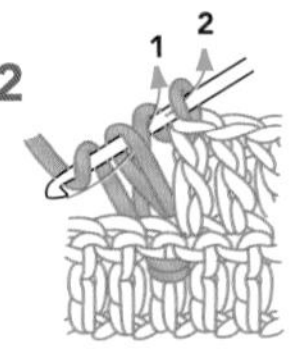

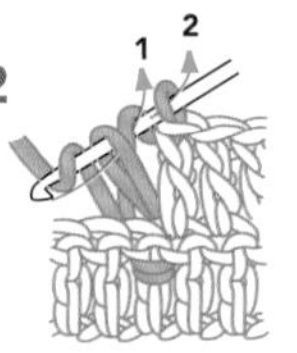

鉤針掛線，依箭頭指示從背面橫向穿入前段的針腳，鉤出稍長的織線。

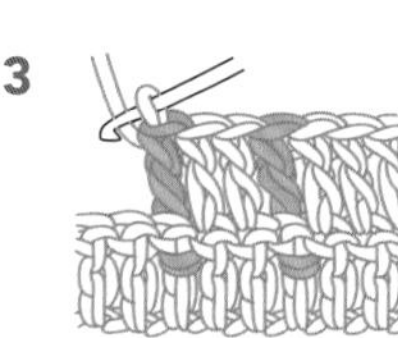

依鉤織長針的相同要領完成針目。

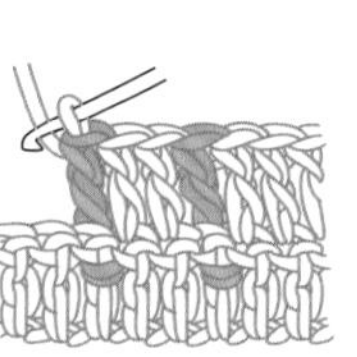

完成。

未完成的針目

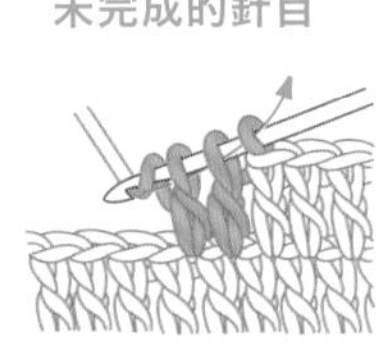

（2長針併針的情況）

※不鉤織完成針目的最後引拔針，以線圈狀態掛在鉤針上的針目，稱為「未完成的針目」。常見於鉤織2併針、3併針或玉針等作業途中。

交叉長針

1

先鉤織下一針目的長針，接著鉤針掛線，由內往外挑前一針目。

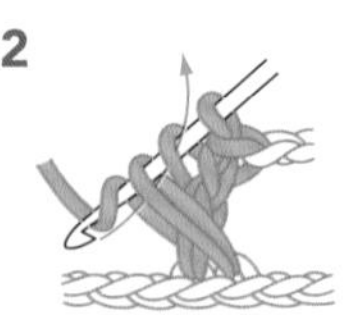
2

掛線鉤出，鉤織長針。

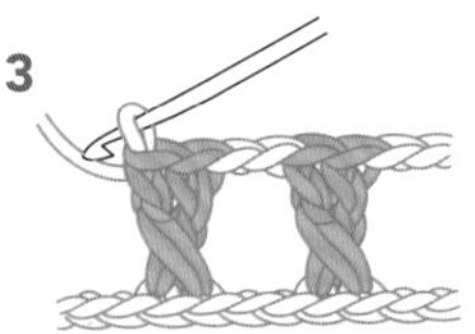
3

後鉤織的針目包裹先鉤織的針目。

變化交叉
長針

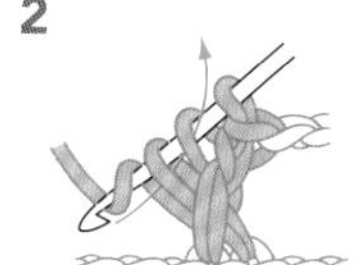
1
2

先鉤織下一針目的長針，
接著鉤針掛線，
依箭頭指示從長針背面
挑前一針目。

鉤針掛線鉤出，鉤織長針。

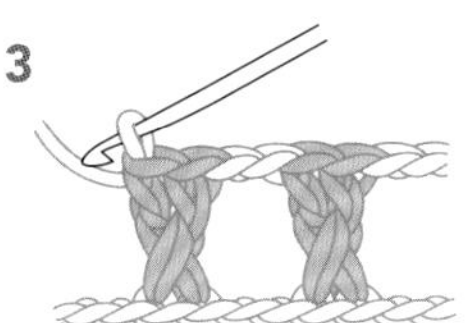
3

形成先鉤織的針目在上，
呈現交叉狀。

[起針]

・鎖針起針的鉤織方法（挑鎖針半針和裡山）

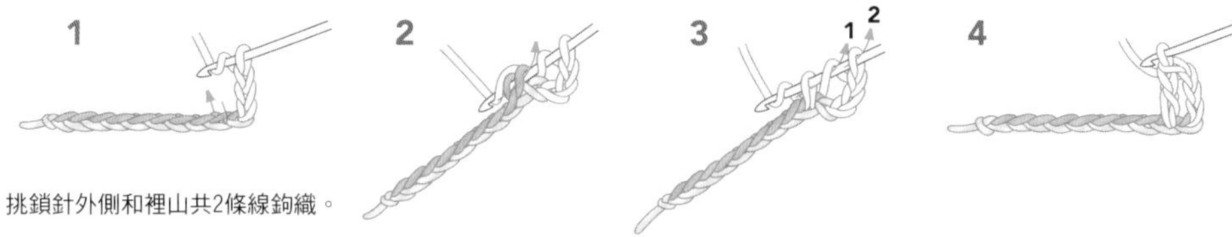
1
2
3
1 2
4

挑鎖針外側和裡山共2條線鉤織。

・繞線作輪狀起針（繞線1次）

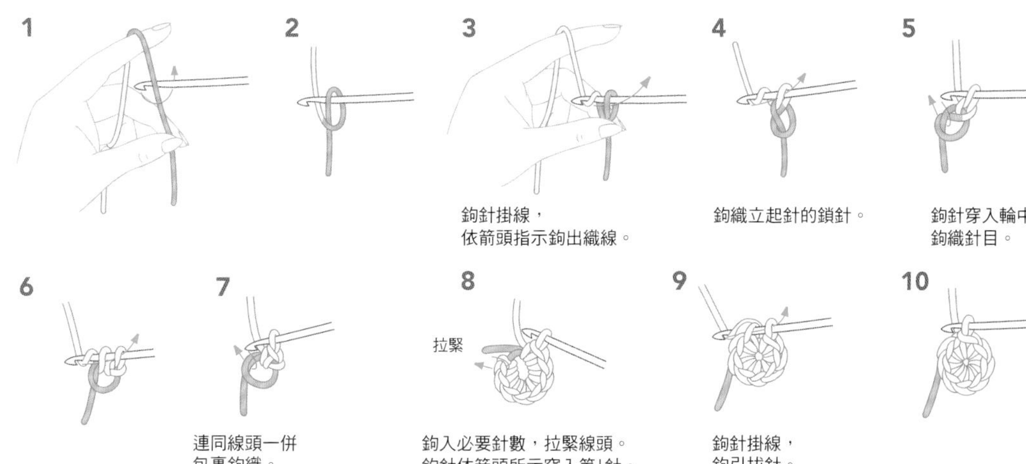
1
2
3
4
5
6
7
8
9
10
拉緊

鉤針掛線，
依箭頭指示鉤出織線。

鉤織立起針的鎖針。

鉤針穿入輪中
鉤織針目。

連同線頭一併
包裹鉤織。

鉤入必要針數，拉緊線頭。
鉤針依箭頭所示穿入第1針。

鉤針掛線，
鉤引拔針。

・短針筋編織入圖案的織法（包編渡線）

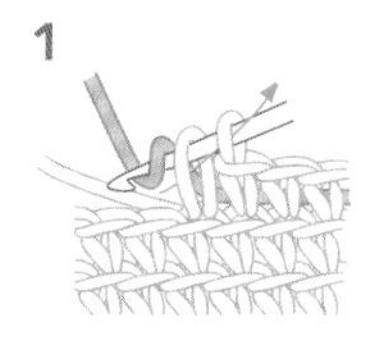
1

更換配色線的時候，
是於前1針進行最後引拔時更換色線，
休針織線則順著織片上緣貼放。

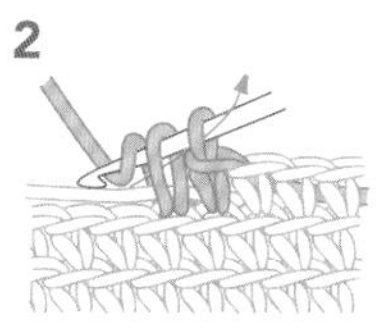
2

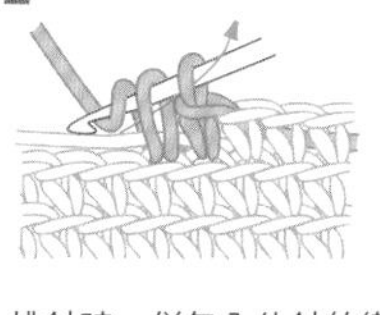

挑針時一併包入休針的織線，
一邊鉤織短針的筋編。

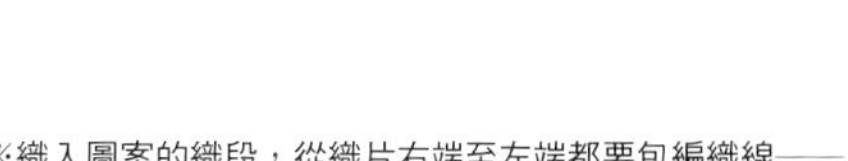

※織入圖案的織段，從織片右端至左端都要包編織線——
底色線或配色線其中之一（如此織片厚度才會平均）。

[捲針縫]（全針目）

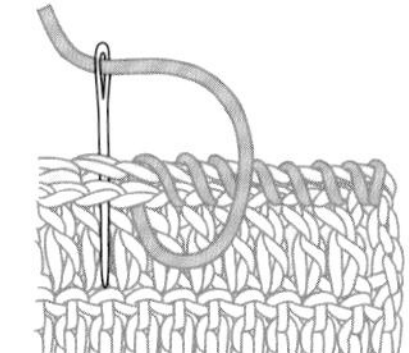

織片背面相對疊合，1針1針逐一挑縫
所有針目針頭的2條線，拉線收緊。

（半針目）

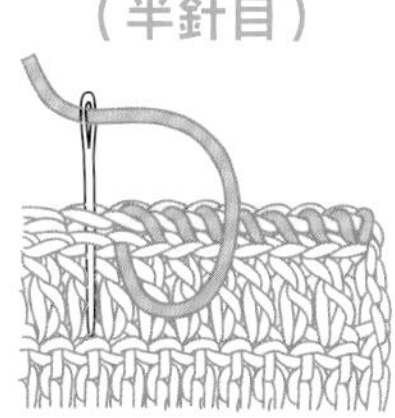

織片背面相對疊合，
1針1針逐一挑縫所有針目針頭內側的半針，
進行捲針縫。

與 的區別

針腳相連時

在前段的1針中
挑針鉤織。

針腳分開時

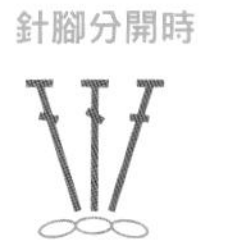

鉤針穿入鎖針下方空隙，
挑前段的鎖針束鉤織。

【Knit・愛鉤織】63

方正有型&圓潤甜美 經典幾何手織麻編包

作　　者／朝日新聞出版
譯　　者／彭小玲
發 行 人／詹慶和
執行編輯／蔡毓玲
編　　輯／劉蕙寧・黃璟安・陳姿伶
執行美編／陳麗娜
美術編輯／周盈汝・韓欣恬
出 版 者／雅書堂文化事業有限公司
發 行 者／雅書堂文化事業有限公司
郵撥帳號／18225950
戶　　名／雅書堂文化事業有限公司
地　　址／新北市板橋區板新路206號3樓
電　　話／（02）8952-4078
傳　　真／（02）8952-4084
網　　址／www.elegantbooks.com.tw
電子郵件／elegantbooks@msa.hinet.net

2022年11月二版一刷　2019年6月初版　定價380元

經銷／易可數位行銷股份有限公司
地址／新北市新店區寶橋路235巷6弄3號5樓
電話／(02)8911-0825
傳真／(02)8911-0801

國家圖書館出版品預行編目資料

方正有型&圓潤甜美：經典幾何手織麻編包/
朝日新聞出版編著；彭小玲譯. -- 二版.
-- 新北市：雅書堂文化事業有限公司, 2022.11
面；　公分. -- (愛鉤織；63)
ISBN 978-986-302-648-8 (平裝)

1.CST: 編織 2.CST: 手提袋

426.4　　　111017506

Staff

作品設計　青木恵理子
Ami
稲葉ゆみ
今村曜子
金子祥子
河合真弓
城戸珠美
すぎやまとも
千葉あやか
野口智子
橋本真由子
早川靖子
himawari
深瀬智美
Ronique（ロニーク）
書籍設計　渡部浩美
攝影　馬場晶子（封面、作品情境照）
中辻 渉（步驟、去背照）
視覺呈現　鍵山奈美
髮型＆化妝　高野智子
模特兒　玉紅
製圖　大楽里美（day studio）
白くま工房
編輯　佐藤周子（Little Bird）
主編　朝日新聞出版　生活・文化編集部（森 香織）

服裝協力
● GLASTONBURY SHOWROOM
http://glastonbury-ltd.com/

攝影協力
● AWABEES
● TITLES
● UTUWA

線材・材料
Hamanaka株式會社
〒616-8585　京都市右京区花園薮ノ下町2番地の3
http://www.hamanaka.co.jp/
http://www.hamanaka.com.cn/

由於印刷多少存在色差，書中作品與實際顏色可能會出現些許不同的情況。
※素材資訊為2017年2月當時資料。